EUL VERLAG

EINZELSCHRIFTEN

Anna-Lena Kotzur
Die verlustfreie Bewertung des Bankbuchs – Eine theoretische und umsetzungsorientierte Analyse der aktuellen Regelung
Lohmar – Köln 2017 • 208 S. • € 56,- (D) • ISBN 978-3-8441-0535-3

Matthias Schulz
Hybrid Entrepreneurship
Lohmar – Köln 2018 • 152 S. • € 52,- (D) • ISBN 978-3-8441-0536-0

Hendrik Jacobsen
Entwurf eines Landeshochschulgesetzes 2018 für Baden-Württemberg
Lohmar – Köln 2017 • 132 S. • € 50,- (D) • ISBN 978-3-8441-0539-1

Katrin Hamacher
Möglichkeiten der Verlustverrechnung bei Gruppenbesteuerungssystemen unter der Bedingung der wirtschaftlichen Verlusttragung
Lohmar – Köln 2018 • 316 S. • € 68,- (D) • ISBN 978-3-8441-0540-7

Dominique Hoffmann
Journal Entry Testing im Mittelstand – Effizientes Werkzeug oder notwendiges Übel?
Lohmar – Köln 2018 • 236 S. • € 60,- (D) • ISBN 978-3-8441-0541-4

Nico Friederich
Spillovereffekte von Testimonialskandalen – Empirische Analyse des Einflusses auf Wettbewerber
Siegburg – Köln 2018 • 352 S. • € 72,- (D) • ISBN 978-3-8441-0542-1

Martin Hartenstein
Erfolg von Internetunternehmen – Empirische Analysen anhand der Befragungsergebnisse von Unternehmen, Investoren und Beratern in Deutschland
Siegburg – Köln 2018 • 272 S. • € 64,- (D) • ISBN 978-3-8441-0543-8

Adrian Liebetrau
Self-Service-BI im Reporting – Eine empirische Untersuchung zu Anwendungspotentialen im Controlling
Siegburg – Köln 2018 • 128 S. • € 48,- (D) • ISBN 978-3-8441-0547-6

Adrian Liebetrau

Self-Service-BI im Reporting

Eine empirische Untersuchung zu Anwendungspotentialen im Controlling

EUL VERLAG

Bibliografische Information der Deutschen Nationalbibliothek

Die Deutsche Nationalbibliothek verzeichnet diese Publikation in der Deutschen Nationalbibliografie; detaillierte bibliografische Daten sind im Internet über <http://dnb.d-nb.de> abrufbar.

ISBN 978-3-8441-0547-6
1. Auflage April 2018

JOSEF EUL VERLAG GmbH
Zeithstr. 356
53721 Siegburg
Tel.: 0 22 05 / 90 10 6-80
Fax: 0 22 05 / 90 10 6-88
E-Mail: info@eul-verlag.de
https://www.eul-verlag.de

Bei der Herstellung unserer Bücher möchten wir die Umwelt schonen. Dieses Buch ist daher auf säurefreiem, 100% chlorfrei gebleichtem, alterungsbeständigem Papier nach DIN 6738 gedruckt.

Vorwort

Die Idee zu diesem Thema entwickelte sich während meiner Projekttätigkeiten bei unterschiedlichen Kunden. Immer wieder wurde ich mit den Herausforderungen der Fachabteilungen konfrontiert, die über ein unflexibles Berichtswesen klagten und sich eine eigenständige Nutzung mit individuellen Analysemöglichkeiten wünschten. Aus diesem Grund entschied ich mich die Notwendigkeit von Self-Service-BI im Controlling zu untersuchen. Die vorliegende Arbeit mit dem Titel „Self-Service-BI im Reporting – Eine empirische Untersuchung zu Anwendungspotentialen im Controlling" entstand im Rahmen meines Masterstudiums an der Fachhochschule der Wirtschaft in Mettmann.

Mein erster Dank gilt meinem Erstprüfer, Herrn Prof. Dr.-Ing. Roland Künzel, für die Betreuung der Arbeit. Durch die eingeräumten inhaltlichen Freiheiten hatte ich die Möglichkeit die Arbeit eigenständig zu entwickeln, konnte jedoch stets auf seine Unterstützung und Rückmeldungen zählen. Besonders die wertvollen Ratschläge während der Konzeptionsphase haben entscheidend zum Gelingen beigetragen. Ebenfalls danken möchte ich Herrn Prof. Dr. Ralf Schumann für die engagierte Übernahme des Zweitprüfers.

Zu großem Dank verpflichtet bin ich Frau Elena Philippe, Frau Pia Burkarth und Herrn Simon Backhaus für das sorgsame Korrekturlesen der Arbeit und die hilfreichen, teilweise auch kritischen aber immer ehrlichen Anmerkungen.

Des Weiteren danke ich allen Teilnehmern meiner Befragung für ihre freundliche Unterstützung, durch die diese Masterthesis erst ermöglicht wurde.

Ein herzlicher Dank gebührt auch meiner Freundin Frau Sandra Nühlen für den stetigen Rückhalt während des gesamten Studiums.

Mein Dank gilt zuletzt allen weiteren Personen, die mir bei der Ausarbeitung dieser Arbeit mit Motivation und Unterstützung zur Seite standen.

Meerbusch, April 2018 Adrian Liebetrau

Inhaltsverzeichnis

Abbildungsverzeichnis IX
Tabellenverzeichnis XI
Abkürzungsverzeichnis XIII
1 Einleitung 1
2 Berichtswesen in Unternehmen 5
2.1 Betriebliches Berichtswesen 6
2.1.1 Definition und Abgrenzung 7
2.1.2 Gestaltungsdimensionen des Berichtswesens 9
2.1.3 Berichtsarten 13
2.1.4 Berichtssysteme 14
2.2 Modernes Berichtswesen mit Business Intelligence 15
2.2.1 Klassifizierung von Management Support Systems 16
2.2.2 Begriffsdefinition und Abgrenzung von Business Intelligence 19
2.2.3 BI-Architekturbausteine 23
2.2.4 Nutzergruppen von BI 27
2.2.5 Rolle des Controllings im BI-Umfeld 31
2.3 Verhaltenswirkungen der Informationsversorgung 33
2.3.1 Störeinflüsse im Berichtswesen 34
2.3.2 Optimales Berichtswesen 39
2.4 Self-Service-BI (SSBI) im Berichtswesen 41
2.4.1 Definition und Abgrenzung 42
2.4.2 Potentiale von Self-Service-BI 44
2.4.3 Funktionsbausteine von Self-Service-BI 47
2.4.4 Voraussetzungen für den Einsatz 50
2.4.5 Software für Self-Service-BI 52
2.5 Zusammenfassung 54
3 Praxisorientierte Studie – SSBI im Controlling 57
3.1 Zielsetzung, Fragestellung und Thesen 57
3.2 Methodisches Vorgehen 59
3.2.1 Beschreibung der Stichprobe 59
3.2.2 Auswahl der Erhebungsmethode 62
3.2.3 Gestaltung des Fragebogens 66

3.2.4 Durchführung der Befragung ... 71
3.3 Auswertung und Interpretation der Ergebnisse ... 72
3.3.1 Status Quo ... 73
3.3.2 Funktionalität ... 75
3.3.3 Anpassungszeit und Bearbeitungsdauer ... 77
3.3.4 Einbindung externer Daten ... 81
3.3.5 Datenqualität ... 82
3.3.6 Kommunikation ... 84
3.3.7 Wahrnehmung und Akzeptanz ... 86
3.4 Zusammenfassung der Studie ... 88
4 Fallstudie: SSBI-Anwendung im Controlling ... 91
4.1 Definition des Anwendungsszenarios ... 91
4.2 Prüfung der Anforderungskriterien ... 94
4.3 Qualitative Mehrwertanalyse ... 96
4.4 Ergebnisse der praktischen Untersuchung ... 100
5 Zusammenfassung und Ausblick ... 103
Literaturverzeichnis ... 107

Für eine verbesserte Darstellung steht der Anhang unter folgendem Link zum Download bereit: https://www.eul-verlag.de/pdf-wz/9783844105476_Anhang.pdf.

Abbildungsverzeichnis

Abbildung 1: Alternative Einordnung des betrieblichen Berichtswesens in die Prozesskette der Informationsversorgung ... 7
Abbildung 2: Gestaltungsdimensionen des Berichtswesens ... 12
Abbildung 3: Definitionsansätze von Business Intelligence nach Gluchowski ... 21
Abbildung 4: Architekturbausteine von Business Intelligence ... 26
Abbildung 5: Entstehungsmöglichkeiten von Störungen im Berichtswesen ... 35
Abbildung 6: Funktionsbausteine von Self-Service-BI ... 48
Abbildung 7: Empfehlungsbeitrag auf XING ... 60
Abbildung 8: Anteil der Fachbereichsgrößen nach Unternehmensgröße ... 62
Abbildung 9: Aufbau des Fragebogens ... 67
Abbildung 10: Beispiel eines halbgeschlossenen Items mit Mehrfachauswahl ... 70
Abbildung 11: Anpassungs- und Entwicklungsdauer von Berichten ... 79
Abbildung 12: Einflussgrößen der Akzeptanz im Berichtswesen ... 87
Abbildung 13: BI-Architektur im fiktiven Beispielunternehmen ... 93
Abbildung 14: Beispielprojekt für Vertriebsregion Norddeutschland ... 98

Tabellenverzeichnis

Tabelle 1: Schulbildung der Teilnehmer 61

Tabelle 2: Eingesetzte Fragetypen mit Item-Beispiel und Antwortvorgaben 71

Tabelle 3: Funktionsmatrix von Oracle Data Visualization 95

Abkürzungsverzeichnis

BARC	Business Application Research Center
BI	Business Intelligence
CRM	Customer-Relationship-Management
DSS	Decision Support System
EIS	Executive Information System
ERP	Enterprise-Resource-Planning
ESS	Executive Support System
ETL	Extraction, Transformation, Loading
FIS	Führungsinformationssystem
MIS	Management Information System
MSS	Management Support System
OBIEE	Oracle Business Intelligence Enterprise Edition
OLAP	Online Analytical Processing
SSBI	Self-Service-BI

1 Einleitung

In einer globalisierten Gesellschaft und freien Marktwirtschaft werden Unternehmen in ihrem Geschäftsalltag von vielen Faktoren beeinflusst und sind ständig wechselnden Anforderungen ausgesetzt. Der Erhalt der eigenen Wettbewerbsfähigkeit steht dabei, unabhängig von den Anforderungen, immer im Mittelpunkt der Unternehmensführungen, um langfristig erfolgreich am Markt agieren zu können. Die Analyse der eigenen Marktsituation und Wettbewerbsfähigkeit wird maßgeblich durch ein betriebliches Berichtswesen gesteuert, in dem Informationen über das Unternehmen und seine Umwelt in Form von Berichten zur Verfügung gestellt werden. Zur Sicherstellung der Aktualität und Plausibilität von Informationen werden schon seit Jahren BI-Lösungen in Unternehmen eingesetzt, die automatisch und in regelmäßigen Zeiträumen die Berichtsempfänger mit Informationen versorgen. Im Laufe der Zeit begannen aber nicht nur große Unternehmen BI-Lösungen zur Unternehmenssteuerung einzusetzen, sondern auch mittelständische Unternehmen haben die Nutzenpotentiale von Business Intelligence erkannt und nutzen BI-Werkzeuge neben dem Berichtswesen zur Datenanalyse und Planung bzw. Budgetierung. Doch unabhängig von der Unternehmensgröße wird für die Einhaltung der Strategien und Stärkung der eigenen Wettbewerbsposition eine zielgerichtete Entscheidungsunterstützung mit belastbarer Informationsbasis benötigt, die durch leistungsstarke BI-Systeme gewährleistet werden kann. In diesem Zusammenhang ist die Hauptaufgabe des Controllings, alle notwendigen Informationen für die unterschiedlichen Führungsebenen zur Verfügung zu stellen. Unter Verantwortung des Controllings und mit der Unterstützung der IT-Abteilung konnten bereits leistungsstarke BI-Systeme in den Unternehmen aufgebaut werden, die die Führungsebenen häufig in Form eines Standardberichtswesens in regelmäßigen Abständen mit Informationen versorgen. Allerdings stößt das klassische Standardberichtswesen durch seine gezielte Informationsversorgung immer wieder an seine Grenzen, wenn kurzfristig auf Veränderungen reagiert werden muss. Oftmals klagt das Controlling über starre und iterative Prozesse, was unter anderem daran liegen kann, dass bis heute noch MS-Excel und MS-Access als Analyse-Tools in den Unternehmen eingesetzt werden. Aus diesem Grund gilt das Flexibilitätsbedürfnis der Anwender als einer der Hauptantreiber und stellt das betriebliche Berichtswesen vor neue Herausforderungen. Weiterhin führt die Unzufriedenheit der Anwender oft zu einer heterogenen BI-Landschaft in den Unternehmen, da weitere Softwarewerkzeuge in den verschiedenen Unternehmensbereichen zur Reduzierung der Nachteile des Standardberichtswesens eingesetzt werden. In den meisten Fällen führt diese Vorgehensweise aber zu mehr Komplexität und zu ineffizienten Geschäftsprozessen, die darüber hinaus Informationsasymmetrien in Unternehmen fördern. Um den steigenden Anforderungen und der geforderten Flexibilität gerecht zu werden, hat sich seit einigen Jahren der Trend von Self-Service-BI am Markt entwickelt. Self-Service-BI soll die Probleme des klassischen Standardberichtswesens lösen und legt den Fokus auf die eigenständige Nutzung von Business Intelligence durch die Fachanwender. Self-Service-BI hat das Potential, den Ansprüchen der Fachabteilungen gerecht zu werden, und wird deshalb in der folgenden Arbeit eingehender untersucht.

Das Ziel der Arbeit ist die Untersuchung der Anwendungspotentiale zur Nutzensteigerung durch Self-Service-BI im modernen Berichtswesen, unter Berücksichtigung qualitativer Aspekte. Dabei soll der Fokus auf das Controlling gelegt und die Frage beantwortet werden, inwieweit der Einsatz von Self-Service-BI im Controlling eine Notwendigkeit darstelle, damit diese ihrer Rolle als Entscheidungsunterstützer der Führungsebenen gerecht werden können. Zur Beantwortung der Forschungsfrage wird eine praxisorientierte Studie durchgeführt, die die wissenschaftlichen Theorien anhand von Thesen verifizieren bzw. falsifizieren soll. Ergänzend hierzu und unter Berücksichtigung der Studienergebnisse wird eine prototypische Fallstudie durchgeführt, die auf die praktische Umsetzung eingeht und die qualitativen Mehrwerte von Self-Service-BI im Vertriebscontrolling aufzeigt. Darin eingeschlossen ist die Fragestellung, ob mit Self-Service-BI eine Optimierung des Berichtswesens erzielt werden könne und ob hinter der Idee mehr stecke, als ein reines Marketinginstrument der Softwarehersteller. Des Weiteren soll diese Arbeit einen Überblick über die allgemeine Bedeutung des betrieblichen Berichtswesens und den Einsatz von BI-Lösungen in Unternehmen geben.

Die vorliegende Arbeit gliedert sich in fünf Kapitel. Nach einer Einleitung in das Thema wird in Kapitel 2 das Berichtswesen in Unternehmen dargestellt, um einen theoretischen Rahmen für die folgende Arbeit zu schaffen. Dafür wird zunächst eine Definition und Abgrenzung des betrieblichen Berichtswesens durchgeführt, um anschließend auf die Gestaltungsdimensionen des Berichtswesens sowie auf die unterschiedlichen Berichtsarten in Berichtssystemen eingehen zu können. Diesen Erläuterungen folgend wird das moderne Berichtswesen mit Business Intelligence vorgestellt und unter Berücksichtigung der historischen Entwicklung eine Klassifizierung der Management Support Systeme vorgenommen. Anschließend wird das Begriffsgebilde Business Intelligence definiert und die klassischen Architekturbausteine eines BI-Systems werden dargestellt. Weiterführend werden die Nutzergruppen von Business Intelligence vorgestellt und es wird auf die besondere Rolle des Controllings in diesem Zusammenhang eingegangen. Im folgenden Unterkapitel werden die Verhaltenswirkungen der Informationsversorgung erläutert, in dem auf die Störeinflüsse im Berichtswesen und deren Einfluss auf ein optimales Berichtswesen eingegangen wird. Bezugnehmend auf die zuvor geschilderten Inhalte, wird anschließend das Kernthema dieser Arbeit erläutert und definiert. Dazu werden nach einer Definition und Abgrenzung die Potentiale von Self-Service-BI erarbeitet und die verschiedenen Funktionsbausteine vorgestellt. Daran knüpfen eine Darstellung der Voraussetzungen für den Einsatz und ein Marktüberblick von Software für Self-Service-BI an. Das Kapitel wird mit einer Zusammenfassung der wesentlichen Erkenntnisse dieser Arbeit abgerundet. Kapitel 3 repräsentiert die Durchführung einer praxisorientierten Studie, in der die theoretische Aufarbeitung hinterfragt werden soll. Dafür wird zunächst auf die Zielsetzung und Hauptfragestellung der Studie eingegangen, bevor anschließend das methodische Vorgehen und die Auswahl der Erhebungsmethode vorgestellt werden. Der methodischen Vorgehensweise folgt die Auswertung und Interpretation der Studienergebnisse unter Berücksichtigung der zuvor aufgestellten Thesen. Das Kapitel endet mit einer Zusammenfassung der Haupterkenntnisse der Studie. Im 4. Kapitel wird eine praktische Fallstudie ausgearbeitet und eine prototypische Anwendung im Controlling mit Self-Service-BI erstellt. Dafür wird zunächst das Anwendungsszenario definiert und das ausgewählte Softwarewerkzeug hinsichtlich der Anforderungskriterien geprüft. Darauf aufbauend folgen eine qualitative Mehrwertanalyse, die den Nutzen im definierten Anwendungsfall durch den Einsatz von Self-Service-BI im Controlling erläutert, und eine Zusammenfassung der Ergebnisse. Abschließend werden in Kapitel 5 die Ergebnisse der Arbeit zusammengefasst und es wird ein Ausblick auf die Entwicklung gegeben.

2 Berichtswesen in Unternehmen

Ein Unternehmen ohne Berichtswesen ist in einer dynamischen und inhomogenen Wirtschaft kaum mehr denkbar. Die Bedeutung der Informationsversorgung nahm über die Jahre hinweg stetig zu, damit Unternehmen langfristig erfolgreich am Markt agieren. Das Controlling nimmt dabei eine wirkungsvolle Rolle ein und kann durch die Aufbereitung und Bereitstellung von Informationen für das Management einen Beitrag zum Unternehmenserfolg leisten. Das Berichtswesen ist deshalb das wichtigste Koordinations- und Kommunikationsinstrument des Controllings. Doch die Erfahrungen zeigen, dass das Berichtswesen einer enormen Komplexität unterliegt und sich die Berichterstattungen in den Unternehmen unterscheiden. Folgendes Beispiel soll die Komplexität im Berichtswesen erläutern: Ein Unternehmen mit ca. 40 Mitarbeiter/-innen beschließt, einen Controller für den Aufbau eines Berichtswesens einzustellen. Die Führungskräfte waren begeistert, als sie die erste Berichterstattung am Monatsende in den Händen hielten. Die durch den Controller zur Verfügung gestellten Berichte enthielten neben den aktuellen Zahlen auch Vorjahreswerte, Abweichungen und Prognosen über den zukünftigen Geschäftsverlauf. Dennoch waren nicht alle Führungskräfte mit der Berichterstattung zufrieden, da relevante Informationen fehlten oder Informationen nicht benötigt wurden. Darüber hinaus offenbarte eine stichprobenartige Untersuchung unzählige Abweichungen zwischen dem Berichtswesen und der zugrundeliegenden Finanzbuchhaltung des Unternehmens. Eine intensive Fehleranalyse klärte den Sachverhalt und stellte fest, dass nachträglich noch Buchungen in dem eigentlich abgelaufenen Monat vorgenommen wurden, weshalb die Werte nicht mehr übereinstimmten.[1]

Das Beispiel verdeutlicht bereits in dieser kurzen Fassung viele Herausforderungen im Berichtswesen. Die Freude über ein monatliches Berichtswesen war bei den Führungskräften nur von kurzer Dauer, da wesentliche Aspekte der Berichterstattung durch den Controller missachtet wurden. Beispielsweise war der Berichtszweck nicht eindeutig auf die verschiedenen Berichtsempfänger abgestimmt, weshalb die gelieferten Informationen teilweise zu Störungen im Informationsfluss führten. Ebenfalls können computergestützte Systeme das Berichtswesen vereinfachen und automatisieren, damit zum einen Fehler bei der Datenübertragung vermieden und zum anderen die Aktualität der Berichte gewährleis-

---

1 Vgl. Mehrmann, Elisabeth (2004), S. 55.

tet werden können. Das Berichtswesen und die unterschiedlichen Gestaltungsmöglichkeiten nehmen daher einen hohen Stellwert in Unternehmen ein.

Das vorliegende Kapitel wird eine Einführung in das betriebliche Berichtswesen geben und alle nötigen Begrifflichkeiten in diesem Zusammenhang klären, um ein einheitliches Verständnis als Grundlage für diese Arbeit zu schaffen. Dabei soll nicht nur auf die Definition der Grundbegriffe eingegangen, sondern auch die Zusammenhänge sowie Abgrenzungen dargestellt werden. Des Weiteren werden die Möglichkeiten eines modernen Berichtswesens mit Business Intelligence vorgestellt und auf die Verhaltenswirkungen bei der Informationsversorgung in Form von Störungen eingegangen. Ferner wird eine neue Form der Berichterstattung durch Self-Service-BI erläutert, bevor abschließend die wesentlichen Erkenntnisse des Kapitels zusammengefasst werden.

2.1 Betriebliches Berichtswesen

Eine der zentralen Aufgaben des Controllings ist das betriebliche Berichtswesen (auch Reporting genannt). Das betriebliche Berichtswesen ermöglicht es, Führungskräfte ereignis- und zeitgesteuert mit relevanten und aussagekräftigen Informationen zu versorgen, um wirtschaftliche Entscheidungen zu treffen. Somit bildet es eines der zentralen Erfolgsfaktoren der unternehmerischen Tätigkeit.[2] Das betriebliche Berichtswesen wird bereits seit vielen Jahren zur Informationsversorgung in Unternehmen eingesetzt.[3] Die Prozesskette der Informationsversorgung, welche die Prozessschritte zwischen der Informationsentstehung und ihrer Nutzung beschreibt, ermöglicht unterschiedliche Interpretationen des betrieblichen Berichtswesens.[4] Für eine Ein- bzw. Abgrenzung wird zunächst ein Überblick über die unterschiedlichen Definitionen gegeben, bevor anschließend auf die Gestaltungsdimensionen und die unterschiedlichen Arten des Berichtswesens eingegangen wird. Abschließend wird das betriebliche Berichtswesen im Kontext der systemgestützten Informationsbeschaffung in Form eines Berichtssystems betrachtet und erläutert.

---

2 Vgl. Göpfert, Ingrid (2002), S. 143.
3 Vgl. Gluchowski, Peter / Gabriel, Roland / Dittmar, Carsten (2008), S. 205.
4 Vgl. Horváth, Péter (2011), S. 534.

2.1.1 Definition und Abgrenzung

Der Begriff des betrieblichen Berichtswesens wird in der Literatur der Wirtschaftswissenschaften aus verschiedenen Sichtweisen interpretiert, was eine eindeutige Definition erschwert. Im Folgenden wird der Begriff des betrieblichen Berichtswesens unterschiedlicher Verfasser anhand der Prozesskette der Informationsversorgung vorgestellt und ein Überblick über die in der Literatur existierenden Definitionen gegeben sowie abschließend eine Fassung als Grundlage für den weiteren Verlauf der Arbeit gewählt. Das betriebliche Berichtswesen umfasst nach einer Definition von Blohm alle „Einrichtungen, Vorschriften und Handlungen zur Erstellung, Verarbeitung, Weiterleitung und Auswertung von Informationen“[5] für den Betrieb und seine Umwelt. Nach dieser Begriffsfassung wird das betriebliche Berichtswesen mit dem gesamten Prozess des Informationswesens gleichgesetzt.[6] Das betriebliche Berichtswesen im weitesten Sinn beinhaltet somit neben der Ermittlung des Informationsbedarfs die Schritte der Informationsbeschaffung, -erzeugung, -übermittlung und -nutzung (vgl. Abbildung 1). Darin eingeschlossen ist die Erstellung und Übermittlung von Berichten, welche für einen übergeordneten Berichtszweck zusammengefasste Informationen darstellen.[7]

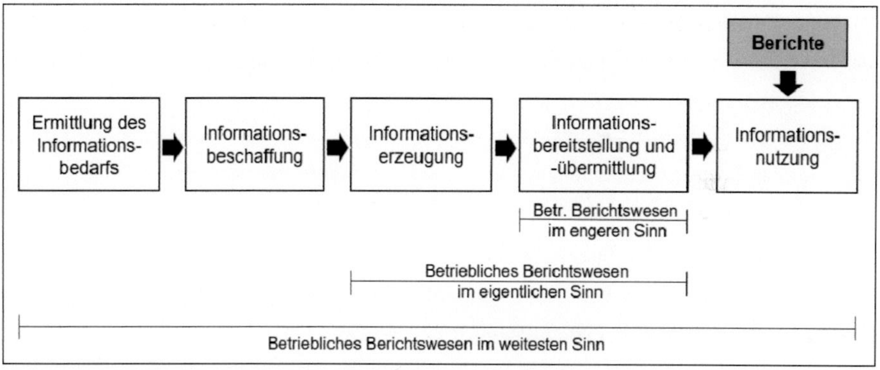

Abbildung 1: Alternative Einordnung des betrieblichen Berichtswesens in die Prozesskette der Informationsversorgung

Quelle: in Anlehnung an Göpfert, Ingrid (2002), S. 144 f.

---

5 Blohm, Hans (1974), S. 15.
6 Vgl. Blohm, Hans (1974), S. 15.
7 Vgl. Koch, Rembert (1994), S. 53 f.

Die Definition nach Blohm ist für Göpfert zu weit gefasst, weshalb sie diese weiter eingrenzt. Für Göpfert beinhaltet das betriebliche Berichtswesen „die Erzeugung und die Übermittlung von aussagekräftigen Informationen in Gestalt formalisierter Berichte für Führungskräfte und unternehmensexterne Empfänger“.[8] Die Definition im eigentlichen Sinn beinhaltet demnach die Schritte der Informationserzeugung und Informationsbereitstellung bzw. -übermittlung in der Prozesskette der Informationsversorgung, jedoch stellt die nachfolgende Nutzung der Berichtsinformationen keinen Teil des betrieblichen Berichtswesens dar. Nach Göpfert sei das Ziel des betrieblichen Berichtswesens, unternehmensbezogene Entscheidungsprozesse maßgeblich zu unterstützen und die Wettbewerbsposition des Unternehmens nachhaltig zu stärken.[9] Der Informationsnutzer nimmt hierbei eine aktive Rolle bei der Generierung von Berichten ein.[10]

Horváth wiederum fasst den Begriff des betrieblichen Berichtswesens noch enger und beschränkt ihn auf den Prozessschritt der Informationsübermittlung, in dem im Hinblick auf die Empfänger der Informationen nur das Management, also Betriebsangehörige, einbezogen werden.[11] Für Horváth stellt das Reporting die Schnittstelle der Informationsaufbereitung und -übermittlung zur Informationsnutzung dar. Seiner Meinung nach ist die Gewinnung der übermittelten Informationen kein Teil des Berichtswesens, sondern wird zum Rechnungswesen als davon getrennter Aufgabe gezählt.[12]

Taschner grenzt den Begriff losgelöst von der Prozesskette der Informationsversorgung ein und findet, dass das Reporting „eine Brückenfunktion zwischen dem primär auf Gewinnung von (Führungs-)Informationen ausgerichteten Rechnungswesen und der auf die Nutzung ebendieser Informationen ausgewiesenen Unternehmensführung“[13] darstellt. Seiner Meinung nach sei eine deutliche Abgrenzung des Reportings gegenüber diesen beiden angrenzenden Aufgabengebieten weder möglich noch sinnvoll, da sich vielfältige Interdependenzen ergeben. Beispielsweise hänge die Aufbereitung und Darstellung von Informationen stark von den gewonnenen Informationen selbst ab. Ebenso wenig könne

---

8 Göpfert, Ingrid (2002), S. 146.
9 Vgl. Göpfert, Ingrid (2002), S. 146.
10 Vgl. Horváth, Péter (2008), S. 18 f.
11 Vgl. Horváth, Péter (2011), S. 534.
12 Vgl. Taschner, Andreas (2013), S. 40.
13 Taschner, Andreas (2013), S. 40.

laut Taschner die spätere Nutzung bei der Aufbereitung und Übermittlung von Informationen ausgeblendet werden, da ein und dieselbe Information je nach Nutzungssituation unter Umständen völlig neu dargestellt werden müsse. Die Kernaufgabe des Reportings könne somit nur adäquat erfüllt werden, wenn auch die Informationsbeschaffung und -nutzung berücksichtigt werde.[14]

Die erläuterten Begriffsabgrenzungen zeigen, dass es bei der Begriffsdefinition vom betrieblichen Berichtswesen kein „richtig“ oder „falsch“ gibt, sondern es nur mehr oder weniger passende Definitionen geben kann. Eine enge Definition nach Horváth läuft Gefahr, wichtige Zusammenhänge und Wechselwirkungen zwischen den Schritten der Prozesskette der Informationsversorgung zu übersehen. Eine weite Definition nach Blohm dagegen erhöht die Komplexität und erschwert die Abgrenzbarkeit von anderen Begrifflichkeiten.[15]

Für den weiteren Verlauf der Arbeit schließt sich der Autor der Auffassung von Göpfert an und damit der Definition im eigentlichen Sinne, in Ergänzung der Ausführungen von Taschner. Demnach ist der Kern des betrieblichen Berichtswesens die Aufbereitung, Darstellung und Übermittlung von Informationen und umfasst die Schritte der Informationserzeugung, Informationsbereitstellung bzw. -übermittlung. Zusätzlich wird die inhaltliche und formale Darstellung von Berichtsinformationen von der vorangegangenen Informationsgewinnung und dem nachfolgenden Verwendungszweck beeinflusst.[16]

2.1.2 Gestaltungsdimensionen des Berichtswesens

Beim Aufbau eines Berichtswesens gilt es unterschiedliche Merkmale zur Kennzeichnung und Gestaltung zu berücksichtigen, um relevante und aussagekräftige Informationen in den Berichten zur Verfügung zu stellen. Diese Merkmale können in fünf Gestaltungsdimensionen unterteilt werden (vgl. Abbildung 2).

In der Literatur herrscht weitgehend Einigkeit darüber, dass der Berichtszweck, also das „Wozu“, den Ausgangspunkt aller Gestaltungsüberlegungen bildet. Der Zweck steht für die Deckung eines konkreten Informationsbedarfs und bestimmt seinerseits die inhaltliche,

[14] Vgl. Taschner, Andreas (2013), S. 40 f.
[15] Vgl. Taschner, Andreas (2013), S. 40.
[16] Vgl. Taschner, Andreas (2013), S. 40.

formale, zeitliche und personelle Ausgestaltung der Berichte.[17] Der Informationsbedarf ist per Definition als subjektiv zu betrachten und ist abhängig von persönlichen Eigenschaften der Informationsempfänger sowie von der jeweiligen Aufgabenstellung, die sich wiederum von den Unternehmenszielen ableitet.[18] Allerdings können die zu übermittelnden Informationen vom Nutzer für sehr unterschiedliche Aufgaben eingesetzt werden. Daher lassen sich mehrere grundlegende Berichtszwecke unterscheiden.[19] Ein bedeutender Berichtszweck stellt die Dokumentation von Ereignissen dar. Unternehmen unterliegen gesetzlichen Dokumentationspflichten, die beispielsweise im Handels- oder Steuerrecht festgelegt sind. Zu den Pflichten gehören je nach Unternehmensgröße unter anderem die Erstellung eines Jahresabschlussberichts inklusive Bilanz, Gewinn- und Verlustrechnung sowie betrieblicher Umweltberichterstattung für externe Adressaten. Darüber hinaus kann sich die freiwillige Dokumentation von Ereignissen positiv auf die Qualität betrieblicher Entscheidungen auswirken. Beispielsweise lassen sich Zeitreihenanalysen durchführen oder Prognosen über den zukünftigen Geschäftsverlauf aufstellen.[20] Weiterhin lassen sich neben der Dokumentation vor allem die Entscheidungsvorbereitung, das Auslösen von Bearbeitungsvorgängen sowie die Kontrolle als zusätzliche Berichtszwecke anführen. Letztere drei Zwecke korrespondieren unmittelbar mit dem Entscheidungsprozess in Unternehmen. In diesem Zusammenhang werden Berichte als Informationsbasis von Entscheidungen herangezogen. Zudem können anhand von Berichten bestimmte Maßnahmen (z. B. Aktivitäten bzw. Bearbeitungsvorgänge) eingeleitet und deren Wirkungsweise, Umsetzung und Zielerreichung kontrolliert werden.[21] „Kann ein konkreter Berichtszweck nicht angeführt werden, dann ist sogar die jeweilige Existenzberechtigung in Frage gestellt"[22], stellt Gluchowski die Bedeutung des Berichtszwecks heraus.

Die Dimension der Berichtsinhalte definiert die Sachverhalte der Realität, die in den betreffenden Informationen abgebildet werden sollen. Damit sind zum Beispiel die betrieblichen Funktionsbereiche gemeint, über die bestimmte Aussagen getroffen werden können.[23] Gluchowski findet, dass für die Nützlichkeit und Aussagekraft der Berichte die angebote-

---

[17] Vgl. Koch, Rembert (1994), S. 60 f und Taschner, Andreas (2013), S. 44 f.
[18] Vgl. Taschner, Andreas (2013), S. 45.
[19] Vgl. Taschner, Andreas (2013), S. 46.
[20] Vgl. Göpfert, Ingrid (2002), S. 147.
[21] Vgl. Gluchowski, Peter / Gabriel, Roland / Dittmar, Carsten (2008), S. 207.
[22] Gluchowski, Peter / Gabriel, Roland / Dittmar, Carsten (2008), S. 207.

nen Informationen in einer zweckadäquaten Detaillierung vorliegen müssen, Vergleichsinformationen für deren angemessene Einordnung bereitstehen sollten und das Informationsspektrum entsprechend ausgelegt sein muss. Weiterhin muss bei der Interpretation von Berichtsinhalten beachtet werden, dass es sich bei den Informationen möglicherweise um ungenaue Angaben handelt, zum Beispiel im Falle von vorläufigen Zahlen oder Abschätzungen.[24] Sofern Inhalte verständlich und eindeutig sind, tritt die Frage des „Wie“ in den Mittelpunkt. Über die Wahl der Berichtsform lässt sich die Effizienz (Verhältnis des Mittel-einsatzes zum erzielten Output) und auch die Effektivität des Berichtswesens, also der Beitrag zur Zielerreichung wesentlich beeinflussen. Zunächst geht es um die Gestaltung von Berichtsinhalten. Im Mittelpunkt stehen hier Fragen der tabellarischen und grafischen Umsetzung von Berichtsinformationen, ein benutzerfreundliches Layout oder eine optimale Struktur. Eng verknüpft mit der Gestaltung der Inhalte sind deren Kommunikation und Präsentation. Dabei ist die Wahl der Übertragungswege von entscheidender Bedeutung, damit Berichtsinhalte aufgenommen, verstanden und akzeptiert werden.[25] Die beiden genannten Aspekte sind darüber hinaus eng mit der Frage der IT-/EDV-Unterstützung verknüpft. Koch versteht unter der Erstellungsart nicht die manuelle oder maschinelle Erstellung von Berichten, sondern die Intensität der IT-Unterstützung sowie die Partizipation der Berichtsempfänger am Erstellungsprozess.[26] Oftmals werden heute alle Phasen des Informationsprozesses durch moderne Informations- und Kommunikationstechnologien unterstützt, sei es die Datenerfassung mit Hilfe von Datenbanken und Vorsystemen, die anschließende Aufbereitung und Verarbeitung mit Tabellenkalkulationsprogrammen oder die Darstellung und Übermittlung an den Empfänger mit Unterstützung von Berichtssystemen. Aufgrund wachsender Komplexität des Datenflusses, sollten im Vorfeld die Schritte des Berichtswesens festgelegt werden, die mit IT-Tools durchzuführen sind.[27] Neben dem Zweck, den Inhalten und der Form von Berichten ist auch die Berichtszeit von zentraler Bedeutung in einem betrieblichen Berichtswesen. Dabei schlägt sich der zeitliche Aspekt in verschiedenen Facetten nieder. Zum einen ist bei den Berichtsintervallen nicht nur deren Länge, sondern insbesondere auch deren Regelmäßigkeit von Belang. Zum anderen

---

[23] Vgl. Koch, Rembert (1994), S. 61.
[24] Vgl. Gluchowski, Peter / Gabriel, Roland / Dittmar, Carsten (2008), S. 208.
[25] Vgl. Taschner, Andreas (2013), S. 48 f.
[26] Vgl. Koch, Rembert (1994), S. 62.
[27] Vgl. Taschner, Andreas (2013), S. 49.

lassen sich Informationen auf unterschiedliche Betrachtungszeiträume beziehen.[28] Die fünfte Gestaltungsdimension des Berichtswesens ist die Berichtsinstanz, welche die Anforderungen des Empfängers im Hinblick auf den Inhalt und den Aufbau der Berichte abdeckt. Hier gilt es den Adressatenkreis sowie dessen subjektive Informationsbedürfnisse festzulegen. Des Weiteren muss definiert werden, wer die Berichte erstellt. Dies können Fachbereiche wie Controlling und Finanzbuchhaltung, aber auch externe Mitarbeiter sein.[29]

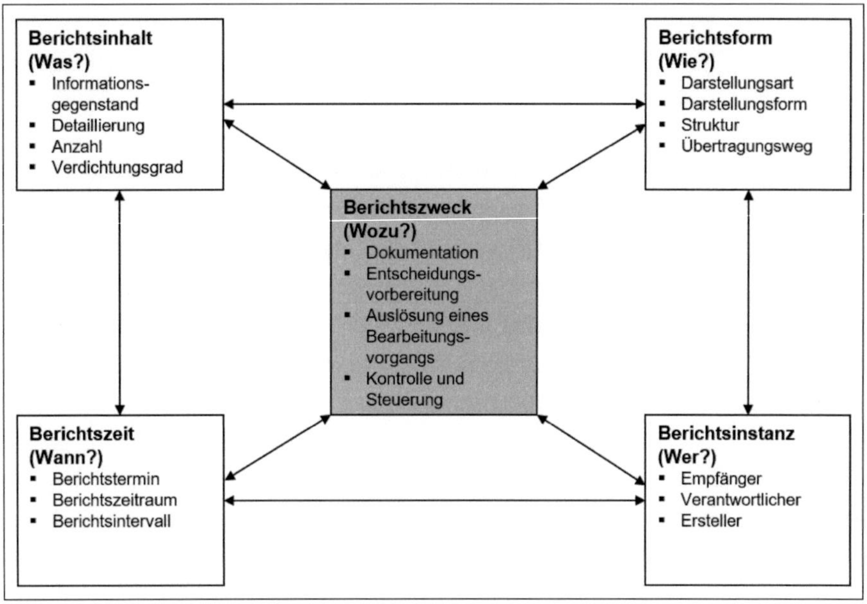

Abbildung 2: Gestaltungsdimensionen des Berichtswesens

Quelle: in Anlehnung an Koch, Rembert (1994) S. 59 und Gluchowski, Peter / Gabriel, Roland / Dittmar, Carsten (2008), S. 208.

Um die Effektivität des Berichtswesens sicherzustellen, sind die zuvor geschilderten funktionalen, inhaltlichen, formalen, zeitlichen und personellen Berichtsmerkmale zu koordinieren.[30] Dabei ergeben sich zwangsweise Interdependenzen zwischen den einzelnen Ge-

---

[28] Vgl. Gluchowski, Peter / Gabriel, Roland / Dittmar, Carsten (2008), S. 209.

[29] Vgl. Taschner, Andreas (2013), S. 50 f.

[30] Vgl. Koch, Rembert (1994), S. 63.

staltungsdimensionen, wie Abbildung 2 in Grundzügen andeutet. Dabei kann es zu Koordinationsbedarf sowohl zwischen Aspekten der gleichen Gestaltungsdimension als auch zwischen Aspekten unterschiedlicher Gestaltungsdimensionen kommen. Die Beziehungen untereinander können sich entweder gegenseitig beeinträchtigen oder einander unterstützen.[31] An dieser Stelle wird auf eine ausführliche Erläuterung der Interdependenzen und Zusammenhänge zwischen den Dimensionen des Berichtswesens verzichtet. Weiterführende Informationen sind dem Anhang 1 zu entnehmen.

2.1.3 Berichtsarten

In der Unternehmungspraxis lassen sich Berichte nach zahlreichen Gesichtspunkten systematisieren.[32] Demnach können Berichte nach ihrer funktionalen Einheit unterschieden werden. Die sogenannten Berichtsobjekte können beispielsweise einzelne Standorte, strategische Geschäftseinheiten oder das Gesamtunternehmen darstellen. Des Weiteren lassen sich unterschiedliche Berichtsarten auch nach der primären Informationsart abgrenzen. Berichte können zum Beispiel Vergangenheits-, Ziel- oder Prognosewerte enthalten. Eines der häufigsten Unterscheidungsmerkmale liegt aber in der Erscheinungsweise von Berichten. „Diese kann regelmäßig […] oder unregelmäßig […] sein“[33], so Taschner. Damit meint er die Veröffentlichung in unterschiedlichen Zeitintervallen wie Monat, Quartal und Jahr oder die Bereitstellung von Berichten bei Bedarf bzw. spezieller Anforderung des Berichtsempfängers.[34] Die erläuterten Unterscheidungsmerkmale machen deutlich, dass sich eine Vielzahl von Berichtsarten definieren lässt. Die primäre Aufgabe sollte aber stets die Deckung des subjektiven Informationsbedarfs der Empfänger sein. Die unterschiedlichen Berichtszwecke führen demnach zu verschiedenen Berichtsarten, die sich im Hinblick auf die Informationsverwendung im Kontrollprozess des Controllings in drei typische Berichtsarten zusammenfassen lassen:[35]

Standardberichte stellen den Kerninhalt des betrieblichen Berichtswesens dar. Auf Basis des zu ermittelnden Informationsbedarfs werden Berichte mit standardisiertem Inhalt, in gleichbleibender Form, zu festgelegten Zeiten an relativ viele Empfänger regelmäßig ver-

---

[31] Vgl. Taschner, Andreas (2013), S. 51 ff.
[32] Vgl. Horváth, Péter (2011), S. 535.
[33] Taschner, Andreas (2013), S. 61.
[34] Vgl. Taschner, Andreas (2013), S. 61.
[35] Vgl. Horváth, Péter (2011), S. 535 und Taschner, Andreas (2013), S. 61 f.

teilt.[36] Der Berichtsempfänger muss die für ihn relevanten Informationen in der Regel selbst erkennen und kann nicht in die sachliche Aussagefähigkeit des Berichts eingreifen. Im Rahmen einer Standardberichterstattung ist der Informationsstrom in Form, Inhalt und Zeitpunkt zu jeder Zeit vorgegeben und fixiert.[37] Häufig angeführte Beispiele für Standardberichte sind die monatlichen Kostenstellenberichte oder der Bilanzbericht.[38]

Eine weitere Berichtsart stellen die Abweichungsberichte dar, die nur dann erstellt werden, wenn beispielsweise bestimmte Toleranzgrenzen nicht eingehalten werden. Dadurch erhält der Berichtsempfänger nur in bestimmten Situationen einen Bericht mit den relevanten Informationen. Abweichungsberichte lenken die Aufmerksamkeit der Empfänger auf problematische Sachverhalte und vermeiden dadurch eine Informationsüberflutung der Entscheidungsträger.[39]

Eine Berichtsart, die im Laufe der Zeit immer weiter an Bedeutung gewonnen hat, sind die Bedarfsberichte. Diese Berichte sind durch die kurzfristig und sporadisch auftretenden individuellen Informationsbedarfe der Berichtsempfänger gekennzeichnet. Aus diesem Grund sind die jeweiligen Berichte ausschließlich empfängerorientiert, da sie keine Informationen enthalten, die über den individuellen Informationsbedarf hinausgehen.[40] Durch die Möglichkeiten der Computerunterstützung werden Bedarfsberichte zunehmend in den Unternehmen eingesetzt, da Daten durch einen direkten Zugriff der Empfänger unmittelbar abgerufen werden können. Allerdings werden Standardberichte ihre Bedeutung weiterhin behalten, da mit ihnen der standardisierte Informationsbedarf im Management wirtschaftlich abgedeckt wird und eine koordinierte Informationsversorgung erfolgt. Ferner kann Informationsasymmetrien bei den Berichtsempfängern vorgebeugt werden.[41]

2.1.4 Berichtssysteme

In den meisten Unternehmen wird eine Vielzahl von Berichten benötigt, die zu unterschiedlichen Zeitpunkten an verschiedene Empfänger weitergeleitet werden. Daraus resul-

---

[36] Vgl. Göpfert, Ingrid (2002), S. 148.
[37] Vgl. Horváth, Péter (2011), S. 535 f.
[38] Vgl. Göpfert, Ingrid (2002), S. 148.
[39] Vgl. Schultz, Volker (2015), S. 96.
[40] Vgl. Göpfert, Ingrid (2002), S. 148 f.
[41] Vgl. Horváth, Péter (2011), S. 535 f.

tierend kann es zu einer Berichtsflut kommen, die mit Hilfe eines Berichtssystems[42] strukturiert und geordnet werden kann.[43] „Eine dem betrieblichen Informationsbedarf angepasste, geordnete Struktur aller Berichte“[44] wird von Horváth als Berichtssystem bezeichnet. Bei der Strukturierung des Berichtssystems muss festgelegt werden, wie häufig Berichte vorzulegen sind und welchen Verdichtungsgrad sie besitzen sollen. In der Praxis leiden Berichtssysteme häufig darunter, dass keine bedarfsgerechte Informationsverdichtung erfolgt und die Empfänger mit Informationen überflutet werden, wie Kapitel 2.3 noch ausführlicher erläutern wird.[45] Darüber hinaus sind Berichtssysteme dazu in der Lage, Daten aus Transaktionssystemen zur Abwicklung der laufenden Geschäftsvorfälle zu verarbeiten und für Kontroll- und Steuerungszwecke bereitzustellen. Dabei unterstützen Berichtssysteme als Teil des Planungs- und Kontrollprozesses die innerbetrieblichen Informationsflüsse. Als Voraussetzung für einen reibungslosen Ablauf muss sichergestellt werden, dass die Systeme kompatibel hinsichtlich der Technik und der Unternehmensorganisation sind und dass eine Weiterverarbeitung der Daten möglich ist.[46] Mit Hilfe von diesen computergestützten Informationssystemen werden automatisierte Berichtssysteme zur Entscheidungsunterstützung in den Unternehmen eingesetzt. Im nachfolgenden Kapitel wird diese Form der Informationssysteme unter dem Sammelbegriff Business Intelligence detaillierter betrachtet.

2.2 Modernes Berichtswesen mit Business Intelligence

Das betriebliche Berichtswesen hat sich als ein fester Bestandteil im Controlling etabliert und versorgt das Management mit den nötigen Informationen. Ein modernes Berichtswesen hat den Anspruch, dass es auch bei zunehmender Komplexität die Anforderungen der Berichtsempfänger erfüllt und leserfreundliche, sorgfältig aufgearbeitete und strukturierte Berichte zur Verfügung stellt. Um die Effizienz und die Effektivität im Berichtswesen zu steigern, reicht ein monatlich manuell erstelltes Reporting in Papierform nicht mehr aus,

---

42 Ein System umfasst in der Systemtheorie eine Menge von Elementen, die durch eine Menge von Relatio nen miteinander verbunden sind. Die Ordnung bzw. Struktur der Elemente eines Systems ist in diesem Kontext der betrieblichen Organisation gleichzusetzen (Vgl. Gillenkirch, Robert (o.J.), Online im Internet).

43 Vgl. Schultz, Volker (2015), S. 101 f.

44 Horváth, Péter (2011), S. 537.

45 Vgl. Schultz, Volker (2015), S. 101 f.

46 Vgl. Birk, Stefan (1991), S.16 f.

weshalb ein modernes Berichtswesen durch technische Systeme unterstützt und automatisiert werden muss.[47]

Die Nutzung von technischen Systemen zur Managementunterstützung besitzt eine lange Historie. Bereits in den 60er Jahren und mit Beginn der kommerziellen Nutzung der elektronischen Datenverarbeitung wurden erste Versuche unternommen, die Führungskräfte mit Hilfe von Informationssystemen zu unterstützen. Die damaligen Ansätze scheiterten aber an der enthusiastischen Technikgläubigkeit der Nutzer und einem eher mechanisch ausgerichteten Organisationsverständnis in den Unternehmen. Erst im Laufe der Jahre gelang es, benutzergruppenspezifische und aufgabenorientierte Systeme zu entwickeln, die erfolgreich im Management eingesetzt werden konnten. In den 80er Jahren etablierte sich für dieses Konglomerat verschiedener Informations- und Kommunikationssysteme der Begriff Management Support Systems (MSS), der bis heute noch gebräuchlich ist und insbesondere in der Wissenschaft weiterhin Verwendung findet. Klassische Ausprägungen der Management Support Systems sind die Management Information Systems (MIS), Decision Support Systems (DSS) und Executive Information Systems (EIS), die sich in unterschiedliche Typologien einteilen lassen. In der betrieblichen Praxis hat sich jedoch seit Mitte der 90er Jahre der Sammelbegriff Business Intelligence (BI) etabliert, der in diesem Kapitel in Zusammenhang mit dem betrieblichen Berichtswesen erläutert wird.[48]

Dafür wird zunächst eine Einordnung und Klassifizierung der Management Support Systems vorgenommen, bevor anschließend der Begriff Business Intelligence definiert und abgegrenzt wird. Ferner werden die Architekturbausteine von Business Intelligence dargestellt, die typischerweise eine BI-Landschaft in Unternehmen beinhaltet. Zum Abschluss wird auf die verschiedenen Nutzergruppen von BI eingegangen und die neue Rolle des Controllings in Unternehmen mit BI-Systemen erläutert.

2.2.1 Klassifizierung von Management Support Systems

Als Management Support Systems werden alle datenverarbeiteten Anwendungssysteme bezeichnet, die das Management, d.h. die Fach- und Führungskräfte im Unternehmen bei ihren vielfältigen Aufgaben unterstützen. Nach Gluchowski handelt es sich dabei um Tä-

[47] Vgl. Taschner, Andreas (2013), S. 162 ff.
[48] Vgl. Kemper, Hans-Georg / Baars, Henning / Mehanna, Walid (2010), S. 1 f.

tigkeiten, die der Planung, Organisation, Steuerung und Kontrolle betrieblicher Leistungsprozesse dienen.[49] Der Begriffsursprung von MSS lässt sich unter anderem auf den Professor Scott Morton zurückführen, der den Begriff als „the use of computers and related information technologies to support managers" definierte. Morton verdeutlichte somit schon vor Jahrzehnten, dass sich die Unterstützung des Managements nicht auf den isolierten Einsatz von Computern beschränken kann, sondern das gesamte Umfeld der Informations- und Kommunikationstechnologie umfasst.[50]

Die Management Support Systems lassen sich in unterschiedlicher Weise klassifizieren, wie Anhang 2 verdeutlicht. Es lässt sich übergeordnet eine Unterteilung zwischen Entscheidungsunterstützung und Informationsunterstützung vornehmen. Unter den informationsunterstützenden Systemen wird die reine Versorgung der Führungskräfte mit Informationen verstanden. Hierbei kommen EDV-gestützte Systeme wie Management Information Systems zum Einsatz, die Managern verschiedener Hierarchieebenen die Extrahierung detaillierter und verdichteter Informationen aus den operativen Vorsystemen erlaubt. Diese Berichte enthalten weder aufwendige Modellbildungen noch werden anspruchsvolle Methoden zur Verfügung gestellt, welche etwa der Simulation von Szenarien dienen könnten. Darüber hinaus ermöglichen MIS eine bereichsübergreifende Datenintegration sowie die Speicherung von großen Datenmengen. Zu Auswertungszwecken werden verdichtete Daten betrachtet, die aus den operativen Administrations- und Abrechnungssystemen gewonnen und aggregiert werden. Die MIS gehören zu den aktiven Systemen, bei denen ein Ereignis die Erstellung der Berichte auslöst. Beispielsweise sind für Standardberichte die vorab festgelegten Kalendertermine oder für Abweichungsberichte bestimmte Abweichungsdaten die Auslöser. MIS sind weitgehend starre Systeme, in denen die Berichte in ihrer Struktur festgelegt sind. Eine weitere Art der Informationsunterstützung stellen die Executive Information Systems dar. EIS sind rechnergestützte, dialog- und datenorientierte Informationssysteme für das Management mit ausgeprägten Kommunikationselementen. Dem Anwender werden hierbei Informationen zur Selektion und Analyse über intuitiv anwendbare und individuell anpassbare Benutzeroberflächen angeboten. Dabei bedienen EIS den subjektiven Informationsbedarf des höheren Managements, das mit ständig wechselnden Entscheidungsproblemen konfrontiert wird. EIS eignen sich besonders für

[49] Vgl. Gluchowski, Peter / Gabriel, Roland / Dittmar, Carsten (2008), S. 15.
[50] Vgl. Kemper, Hans-Georg / Baars, Henning / Mehanna, Walid (2010), S. 1.

Bedarfsberichte, bei denen für die Berichterstellung der Benutzer der Auslöser ist und sie deshalb als passive Systeme mit standardisierten Abfragemöglichkeiten charakterisiert werden.[51]

Anders als bei MIS sollen Systeme zur Entscheidungsunterstützung wie zum Beispiel die Executive Support Systems Modelle und Methoden zur Verarbeitung von Daten anbieten. Der Schwerpunkt liegt dabei nicht auf der Kontrolle, sondern auf der Bewertung von Handlungsalternativen über What-if-Fragestellungen. ESS sind interaktive EDV-gestützte Systeme, die Managern mit Modellen, Methoden und problembezogenen Daten in ihrem Entscheidungsfindungsprozess unterstützen. Der Nutzer agiert dabei direkt mit dem System und kann individuelle Informationsbedürfnisse selbstständig befriedigen. Deshalb werden ESS den Dialogsystemen zugeordnet, die außer der reinen Datenabfrage auch Prognose- und Entscheidungsmodelle beinhalten und somit unmittelbar aussagekräftige Erkenntnisse liefern. Es lassen sich zum Beispiel Input-Daten (z.B. Marktpreise, Stückzeiten) aus einer Datenbank abrufen, in ein Entscheidungsmodell eingeben und mehrere Handlungsalternativen simulieren. Dialogsysteme eignen sich besonders für Planungs- und Kontrollprozesse, um verschiedene Möglichkeiten zu simulieren und die zielführendste auszuwählen. Somit sind diese auch bei Beschlüssen bzw. Entscheidungen im Geschäftsalltag nicht zu vernachlässigen. In komplexer Form werden diese Systemarten von Mitarbeitern auf der mittleren Führungsebene genutzt.[52]

In Literatur und Praxis hat sich seit Ende der 90er Jahre darüber hinaus ein umfassender Ansatz der IT-basierten Managementunterstützung unter dem Begriffsgebilde „Business Intelligence“ etabliert. Business Intelligence (BI) steht dabei als Synonym für innovative IT-Lösungen zur Unternehmensplanung und -steuerung.[53] Laut Taschner ist die Zielsetzung von Business Intelligence ähnlich zu den zuvor beschriebenen Berichtssystemen, weshalb seiner Meinung nach der Übergang zwischen MSS und BI fließend ist. Business Intelligence kann jedoch als umfassender angesehen werden, wie in den nachfolgenden Abschnitten erläutert wird.[54]

---

51 Vgl. Gladen, Werner (2003), S. 262 ff.
52 Vgl. Gladen, Werner (2003), S. 264 ff.
53 Vgl. Gluchowski, Peter / Gabriel, Roland / Dittmar, Carsten (2008), S. 89.

2.2.2 Begriffsdefinition und Abgrenzung von Business Intelligence

Der Begriff Business Intelligence ist bis heute ein englischsprachiges IT-Schlagwort, bei dem eine wörtliche Übersetzung bislang keinen Weg in den deutschen Sprachgebrauch gefunden hat. Eine Übersetzung mit „Geschäftsintelligenz" liegt zwar nahe, würde laut Gluchowski die inhaltliche Bedeutung aber nur sehr unzureichend widerspiegeln. Das Wort „Intelligence" sollte hier im Sinne von Einsicht oder Verständnis interpretiert werden, wodurch das Ziel des Einsatzes von Business Intelligence klarer zum Ausdruck kommt.[55] Für Schön steht das Wort „Intelligence" gleichbedeutend für die Umwandlung von Informationen in Wissen. Der Begriff selbst lässt sich zurückführen auf Howard Dresner von der Gartner Group, der den Begriff 1989 erstmalig als einen Umwandlungsprozess von Daten in Informationen definierte.[56] Dennoch ist eine einheitliche Definition und Abgrenzung nur bedingt möglich, wie die folgenden Begriffsfacetten von BI nach Mertens zeigen:

1. BI als Fortsetzung der Daten- und Informationsverarbeitung
2. BI als Filter in der Informationsflut
3. BI als Managementinformationssystem (MIS)
4. BI als Frühwarnsystem
5. BI als Data Warehouse
6. BI als Informations- und Wissensspeicherung
7. BI als Prozess:
   Symptomerhebung→Diagnose→Therapie→Prognose→Therapiekontrolle[57]

Bei genauerer Betrachtung der genannten Begriffsbestimmungen wird deutlich, dass sich die Definitionen über die verwendeten Systeme abgrenzen lassen. Zudem werden betriebswirtschaftliche Aspekte keineswegs berücksichtigt.[58] Nach Chamoni und Gluchowski steht BI für einen Sammelbegriff „zur Kennzeichnung von Systemen [...], die auf Basis interner Leistungs- und Abrechnungsdaten sowie externer Marktdaten in der Lage sind, das Management in seiner planenden, steuernden und koordinierenden Tätigkeit zu unter-

---

54 Vgl. Taschner, Andreas (2013), S. 177.
55 Vgl. Gluchowski, Peter / Gabriel, Roland / Dittmar, Carsten (2008), S. 89.
56 Vgl. Schön, Dietmar (2012), S. 273 ff.
57 Vgl. Mertens, Peter (2002), Online im Internet.
58 Vgl. Kemper, Hans-Georg / Baars, Henning / Mehanna, Walid (2010), S. 2 f.

stützen“[59]. Für Schön muss auch eine Abgrenzung zum Controlling vorgenommen werden. Seiner Auffassung nach ist eine Unterstützung mit computergestützten Informationssystemen unabdingbar, wenn das Controlling die Aufgabe der zielbezogenen Entscheidungsunterstützung von Führungskräften im Unternehmen und die Aufgaben der Planung, Analyse, Kontrolle hat sowie seiner Koordinationsfunktion nachkommt.[60] Schön definiert Business Intelligence daher als eine „Integration von fachlichen Management-Methoden, EDV-technischen Verfahren und analytischen Prozessen, die sowohl die Aufbereitung und Bereitstellung von Daten als auch die Aufdeckung relevanter Zusammenhänge sowie die Kommunikation der gewonnen Erkenntnisse zur Entscheidungsunterstützung für das Management umfassen [...]“[61]. Er sieht als wesentliches Abgrenzungsmerkmal die EDV-technische Unterstützung bei Controllingaufgaben. Daher verwendet er auch den Begriff „BI-gestütztes Controlling“, um den integrativen Sachverhalt zwischen betriebswirtschaftlichen Methoden und technischer Umsetzung zu verdeutlichen.[62]

Die vorangestellten Definitionsversuche machen deutlich, dass eine eindeutige Einordnung und Abgrenzung von Business Intelligence anspruchsvoll ist. Darüber hinaus bleibt jede gewählte Definition je nach Schwerpunkt des Betrachters, angreifbar. Gluchowski nähert sich dem Begriffsgebilde an, indem er Konzepte und Technologien aufzeigt, die sich BI ganz oder in Teilen zuordnen lassen.[63] Nach seiner Ansicht besteht eine grundlegende Übereinkunft darin, dass „die Techniken und Anwendungen des Business Intelligence entscheidungsunterstützenden Charakter aufweisen sowie zur besseren Einsicht in das eigene Geschäft [...] führen sollen“[64]. Eine adäquate Strukturierung der möglichen Sichtweisen liefert Gluchowski mit Hilfe eines zweidimensionalen Ordnungsrahmens (vgl. Abbildung 3). Auf der vertikalen Achse werden die Phasen des analytischen Datenverarbeitungsprozesses von der Bereitstellung bis zur Auswertung aufgetragen, während die horizontale Achse den Schwerpunkt zwischen Technik- und Anwendungsorientierung dar-

[59] Chamoni, Peter / Gluchowski, Peter (2004), S. 119.
[60] Vgl. Reichmann, Thomas (2006), S. 13.
[61] Schön, Dietmar (2012), S. 277.
[62] Vgl. Schön, Dietmar (2012), S. 276 f.
[63] Vgl. Gluchowski, Peter / Gabriel, Roland / Dittmar, Carsten (2008), S. 90.
[64] Gluchowski, Peter / Gabriel, Roland / Dittmar, Carsten (2008), S. 90.

stellt. Aufgrund dieser Positionierung lassen sich drei Definitionsansätze voneinander abgrenzen: das enge, das analyseorientierte und das weite BI-Verständnis.[65]

Business Intelligence in einem engen Begriffsverständnis umfasst lediglich den Teil analyseorientierter Produkte und Anwendungen, die eine Entscheidungsfindung unmittelbar unterstützten. Hierbei wird eine Aufbereitung und Präsentation von multidimensionalem Datenmaterial mit Hilfe von Online Analytical Processing (OLAP) und Managementinformationssystemen ermöglicht, auf das im nächsten Abschnitt noch eingegangen wird. Diesem engen BI-Verständnis kann entgegengehalten werden, dass vielfältige Anwendungslösungen existieren, die modell- und methodenbasiert eine zielgerichtete Analyse vorhandener Daten ermöglicht.[66]

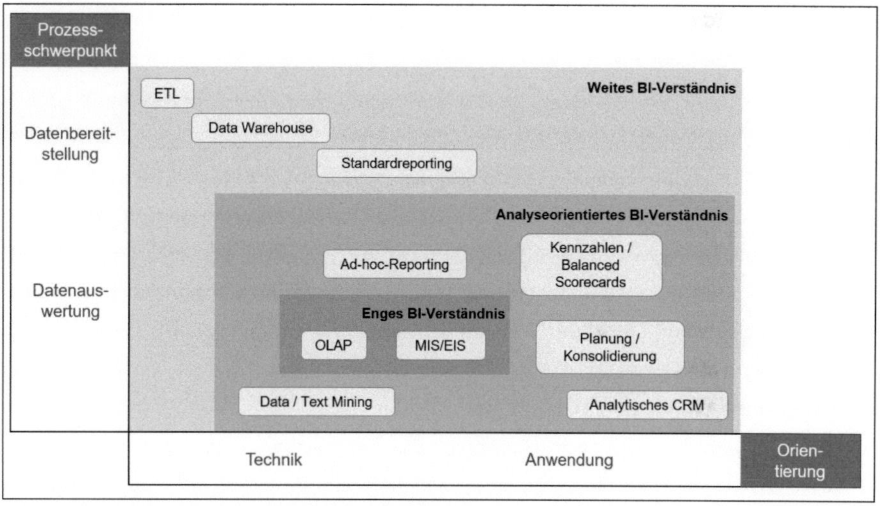

Abbildung 3: Definitionsansätze von Business Intelligence nach Gluchowski
Quelle: in Anlehnung an Gluchowski, Peter (2001), S. 7.

Das analyseorientierte BI-Verständnis umfasst demnach sämtliche Anwendungen, bei denen der Entscheider direkt mit dem System interagiert, d. h. einen unmittelbaren Zugriff auf eine Benutzeroberfläche mit interaktiven Funktionen besitzt. Zu diesem Bereich gehö-

[65] Vgl. Kemper, Hans-Georg / Baars, Henning / Mehanna, Walid (2010), S. 3.
[66] Vgl. Gluchowski, Peter / Gabriel, Roland / Dittmar, Carsten (2008), S. 90.

ren neben OLAP und MIS auch Systeme des Data Mining, das Ad-hoc-Reporting sowie Kennzahlen und Balanced Scorecards.[67]

In der Praxis scheint sich aber ein noch weitergehendes Verständnis etabliert zu haben. Demnach führt das weite BI-Verständnis dazu, dass alle Systemkomponenten zu Business Intelligence zählen, die operatives Datenmaterial zur Informations- und letztlich Wissensgenerierung aufbereiten und speichern sowie Auswertungs- und Präsentationsfunktionalitäten anbieten. Unter diesem Begriffsverständnis werden zusätzlich sowohl ETL-Werkzeuge, Data Warehouses als auch das Standardreporting in die System- und Konzeptlandschaft eingeordnet.[68] Aus Sicht von Schön ist der Versuch die technischen Systemebenen und die fachlichen Anwendungen miteinander zu verbinden, als positiv zu bewerten. Unklar ist seiner Ansicht nach aber, warum Reporting tendenziell der Technik zugeordnet wird.[69] Unterstützt wird Schön durch die kritische Beurteilung von Kemper, für den viele Ansätze von Gluchowski einen hohen Grad an Beliebigkeit aufweisen und nicht abgrenzbar sind. Nach Kemper ist Business Intelligence ein integrierter, unternehmensspezifischer, IT-basierter Gesamtansatz zur betrieblichen Entscheidungsunterstützung.[70]

Unter Berücksichtigung der genannten Einordnungen und Abgrenzungen wird den nachfolgenden Ausführungen das weite Begriffsverständnis von Business Intelligence zugrunde gelegt. Für den Autor sind auch die Datenbereitstellung, Datenherkunft und Datenhaltung Bestandteile von BI, ohne deren Berücksichtigung ein IT-basierter Gesamtansatz nach Kemper nicht betrachtet werden kann. Business Intelligence kann demnach als ein Prozess verstanden werden, der aus den Unternehmens-, Markt- und Wettbewerbsdaten Wissen über eigene und fremde Positionen und Perspektiven generieren kann. Dieses zusätzliche Wissen muss zwangsläufig zu Aktionen und Maßnahmen führen, welche die vorhandenen Strukturen und Abläufe in Unternehmen verändern bzw. optimieren.[71]

---

[67] Vgl. Kemper, Hans-Georg / Baars, Henning / Mehanna, Walid (2010), S. 4.
[68] Vgl. Gluchowski, Peter / Gabriel, Roland / Dittmar, Carsten (2008), S. 91.
[69] Vgl. Schön, Dietmar (2012), S. 275.
[70] Vgl. Kemper, Hans-Georg / Baars, Henning / Mehanna, Walid (2010), S. 4 ff.
[71] Vgl. Gluchowski, Peter / Gabriel, Roland / Dittmar, Carsten (2008), S. 91.

2.2.3 BI-Architekturbausteine

Nach dem weiten Begriffsverständnis und dem IT-basierten Gesamtansatz lässt sich Business Intelligence in die drei Architekturbausteine Datenbereitstellung, Datenanalyse und Datennutzung bzw. -präsentation gliedern. Diese weisen unterschiedliche Komponenten mit mehr oder minder exakt abgrenzenden Funktionsspektren auf (vgl. Abbildung 4). Die Leistungsfähigkeit und die Qualität des Zusammenspiels zwischen den einzelnen Komponenten haben erheblichen Einfluss auf die Nutzbarkeit des Gesamtsystems.[72]

Im Architekturbaustein der Datenbereitstellung wird aus den relevanten Vorsystemen der Unternehmen das verfügbare Datenmaterial zusammengeführt und vereinheitlicht, um dieses anschließend als eine Datenbasis, das Data Warehouse, persistent abzulegen. Als Vorsysteme bzw. Datenlieferanten werden neben den für die Abwicklung des Tagesgeschäftes zuständigen operativen Anwendungen, wie beispielsweise ERP-Systemen, auch Speziallösungen für Planung und Budgetierung gesehen. Darüber hinaus können auch unternehmensexterne Datenquellen oder Daten aus einem Tabellenkalkulationsprogramm den Vorsystemen zugeordnet werden. Dabei kann es sich sowohl um wirtschaftspolitische als auch wettbewerbsspezifische Auskünfte handeln.[73] Hauptziel der Datenbereitstellung ist es, die heterogenen Daten aus den operativen Systemen in ein systematisch aufgebautes Data Warehouse zusammenzuführen, auf das Endnutzer möglichst einfach, schnell und flexibel zugreifen können. Der Begriff Data Warehouse steht dabei für die themenorientierte, vereinheitlichte, beständige und zeitbezogene Sammlung von Daten zur Unterstützung von Managemententscheidungen. Die Daten sollen dort möglichst im gleichen Format, unverändert, mit einem Zeitstempel versehen und einem bestimmten Themenschwerpunkt zugeordnet abgelegt werden. In einem Data Warehouse werden Daten somit unabhängig von operativen Vorsystemen speziell für den Informationsbedarf des Managements zusammengestellt und in einer eigenen physischen Datenhaltungsschicht gespeichert. Im Gegensatz zur Datenhaltung in den Vorsystemen beinhaltet das Data Warehouse aggregierte Daten, die teilweise auch redundant und über einen längeren Zeitraum vorgehalten werden. Zusätzlich kann der Aufbau eines Data Warehouse auch dezentral über sogenannte Data Marts erfolgen, die ein subjektspezifisches oder abteilungs-

[72] Vgl. Gluchowski, Peter / Gabriel, Roland / Dittmar, Carsten (2008), S. 108.
[73] Vgl. Gluchowski, Peter / Gabriel, Roland / Dittmar, Carsten (2008), S. 108 ff.

spezifisches Data Warehouse darstellen.[74] Die Transformation der Daten aus den Vorsystemen in ein Data Warehouse wird mit Hilfe eines ETL-Prozesses durchgeführt, der in Anhang 3 ausführlicher erläutert wird. Dennoch kann eine konsistente und inhaltlich relevante Datenbasis das Informationsbedürfnis der Nutzer nicht immer befriedigen, weshalb Mechanismen zur anforderungsgerechten Analyse angeboten werden müssen.[75]

In der zweiten Schicht bzw. im zweiten Baustein folgt die Datenanalyse in einem BI-System. Hier befinden sich alle Bausteine und Komponenten, mit denen sich das zuvor zentral gespeicherte Datenmaterial nach verschiedenen Kriterien und mit unterschiedlichen Methoden untersuchen und auswerten lässt. Je nach Anwendungsfall unterscheiden sich die benötigten Analysefunktionalitäten in erheblichem Maße. Den Benutzern können Möglichkeiten zur freien Navigation im Datenbestand ermöglicht und weiterführende methodische Aufbereitungen und Auswertungen der gespeicherten Inhalte mit mathematischen oder statistischen Verfahren angeboten werden. Der Fokus soll im weiteren Verlauf auf den Analysefunktionalitäten mit einer freien Navigation liegen. Im Rahmen einer navigationsorientierten Analyse ist eine flexible Informationsbildung mit ausgeprägter Interaktivität erforderlich. Der Anwender soll sich dabei frei im Datenbestand bewegen können und mit wenigen Mausklicks beliebige Ausschnitte und Zusammenstellungen der Inhalte zur Anzeige bringen (Ad-hoc-Analysen). Eine besonders häufig genutzte Form der navigationsorientierten Analyse ist die Verdichtung oder Aufspaltung betriebswirtschaftlicher Größen. Die Datenverdichtung dient der Formulierung von allgemeinen Aussagen basierend auf aggregierten Detailinformationen; sie deckt einen größeren Geltungsbereich ab und gewährleistet somit einen Überblick bzw. die Möglichkeit, übergeordnete Aussagen zu treffen. Als entgegengesetzte Operation können Daten über ein Drill-Down aufgespaltet werden, damit Aussagen basierend auf Detailinformationen getroffen werden können. Um derartige Operationen ausführen zu können, muss eine zugehörige Über- und Unterordnungsbeziehung zwischen detaillierten und verdichteten Daten zur Verfügung stehen. Ferner ergeben sich daraus themenspezifische und hierarchisch gegliederte Informationsbäume, die der Anwender bedarfsgerecht auf einem wählbaren Aggregationsniveau abrufen kann.[76]

---

[74] Vgl. Abts, Dietmar / Mülder, Wilhelm (2002), S. 217 f.
[75] Vgl. Gluchowski, Peter / Gabriel, Roland / Dittmar, Carsten (2008), S. 111.
[76] Vgl. Gluchowski, Peter / Gabriel, Roland / Dittmar, Carsten (2008), S. 111 f.

Um der Forderung nach benutzerfreundlichen und flexiblen Abfragesystemen für Ad-hoc-Analysen nachzukommen, wird das Online Analytical Processing (OLAP) häufig in BI-Systemen eingesetzt. OLAP stellt einen innovativen Analyseansatz dar, der eine dynamische Analyse mit verschiedenen Operatoren in multidimensionalen Datenräumen ermöglicht. Im Zentrum von OLAP steht der Hypercube, der eine multidimensionale Analyse mit Hilfe von Dimensionen ermöglicht, die sich aus der betriebswirtschaftlichen Problemstellungen ergeben. Die Anzahl der Dimensionen ist dabei technisch nicht begrenzt, obwohl die meisten Anwendungen Dimensionen im einstelligen bzw. niedrigen zweistelligen Bereich vorweisen. Dies lässt sich auf die kognitiven Fähigkeiten des Menschen zurückführen, da eine Auswertung auf Basis mehrerer hundert Dimensionsausprägungen als unrealistisch einzuschätzen ist und für den Anwender undurchschaubar wäre. Üblicherweise werden verschiedene Operatoren wie zum Beispiel die Pivotierung oder das bereits erläuterte Drill-Down zur spezifischen Auswertung in multidimensionalen Datenräumen verwendet.[77] Eine weitere Form der Analyse ermöglicht das Data Mining. Dabei werden große Datenbestände hinsichtlich sinnvoller Muster oder Regeln durchsucht. Im Mittelpunkt des Data Minings stehen verschiedene Methoden, mit denen aus umfangreichen Datenmengen sinnvolle Informationen herausgefiltert werden sollen.[78] Data Mining wird vor allem im Marketingbereich eingesetzt, um anhand von Kundendaten und dem individuellen Kaufverhalten äußerst wirksame Werbestrategien entwickeln oder lukrative Marktsegmente bestimmen zu können.[79] Unabhängig von der Form der Datenanalyse setzt die methodische Vorgehensweise der Datenauswertung ein gewisses formal-analytisches Verständnis voraus und kann sich als durchaus anspruchsvoll erweisen. Eine einfachere Analysemöglichkeit gespeicherter Daten bietet dagegen die reine Datendarstellung in Form von Tabellen und Grafiken.[80]

---

[77] Vgl. Kemper, Hans-Georg / Baars, Henning / Mehanna, Walid (2010), S. 99 ff.
[78] Vgl. Abts, Dietmar / Mülder, Wilhelm (2002), S. 219.
[79] Vgl. Heindl, Stefan (o.J.), Online im Internet.
[80] Vgl. Gluchowski, Peter / Gabriel, Roland / Dittmar, Carsten (2008), S. 114.

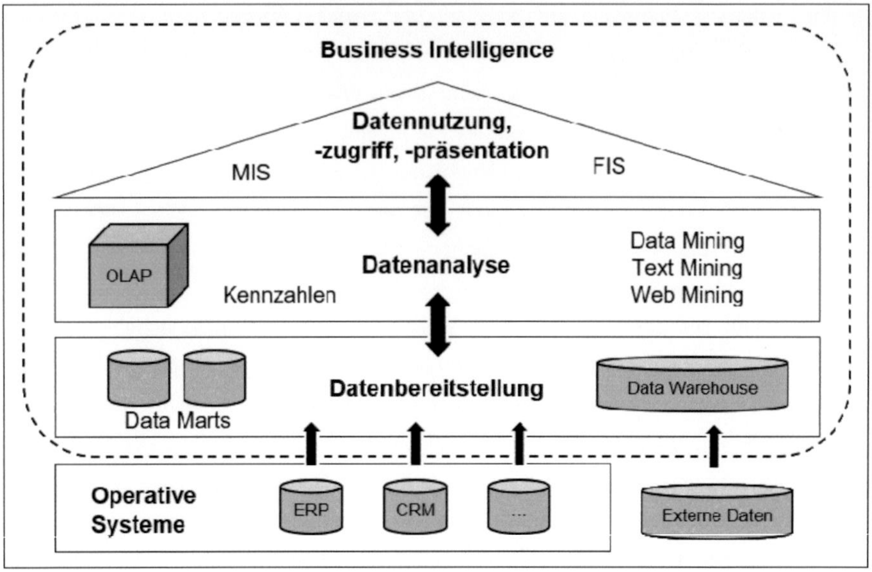

Abbildung 4: Architekturbausteine von Business Intelligence

Quelle: in Anlehnung an Abts, Dietmar / Mülder, Wilhelm (2002), S. 218 und Gluchowski, Peter / Gabriel, Roland / Dittmar, Carsten (2008), S. 109.

In der BI-Architektur besteht die zentrale Aufgabe des Bausteins Datennutzung, -zugriff, -präsentation in der Herstellung einer problem- und adressatengerechten Verfügbarkeit relevanter Inhalte im gewünschten Ausgabemedium. Im Vordergrund stehen die zweckmäßige Informationsversorgung und die Implementierung eines angemessenen Berechtigungs- bzw. Zugriffskonzepts. Die Aussagekraft der Daten hängt für den Empfänger in der spezifischen Problemsituation nicht nur von den dargestellten Inhalten, sondern auch von der gewählten Präsentationsform ab, weshalb unterschiedliche Formen der Darstellung gewählt werden müssen. Beispielsweise können quantitative betriebswirtschaftliche Größen in Form einer zweidimensionalen Tabelle dargestellt werden. Die (Zahlen-)Tabelle ist die gebräuchlichste Darstellungsform und wird häufig mit zusätzlichen Ausgabeformen, wie Zwischen- und Gesamtsummen sowie berechnete Abweichungen, angereichert. Neben der tabellarischen Darstellung des Datenmaterials werden häufig auch Grafiken zur Präsentation verwendet. Grafiken ermöglichen die Darstellung komplexer Faktenkonstellationen, die für das menschliche Auge schnell erfassbar und analysierbar sind. Häufig werden hierbei die Darstellungsarten der Balken-, Säulen-, Linien-, Punkt- oder

Flächendiagramme eingesetzt. Darüber hinaus lässt sich in Bezug auf die Interaktionsmöglichkeiten im dargestellten Informationsausschnitt eine weitere Differenzierung vornehmen. Im Falle einer starren Datenausgabe werden dem Nutzer keine Optionen zur weiterführenden Datenanalyse eingeräumt. Somit muss dieser die aktuelle Sicht bzw. den aktuellen Bericht verlassen und explizit eine andere Informationszusammenstellung aufrufen. Im Gegensatz dazu und in Anlehnung an die navigationsorientierte Analyse lässt sich durch Verlinkungen von Berichten sowie Auswahlmöglichkeiten für Operatoren eine höhere Informationsdichte gewährleisten und zumindest eine eingeschränkte Nutzerinteraktionen ermöglichen.[81] In der Praxis erfolgen der Datenzugriff und die Datenpräsentation über ein Führungsinformationssystem (FIS), das den Führungsebenen ein einfach bedienbares, grafisch orientiertes Abfrage- und Berichtssystem zur Verfügung stellt und so eine Informationsversorgung auf Knopfdruck ermöglicht. Ein FIS unterstützt die tabellarische sowie grafische Datenpräsentation und bietet zusätzliche Funktionen, wie die Kumulation, Sortierung oder Hochrechnung der Daten an. Je nach Bedarf können Manager kritische Datensätze über Drill-Down-Operatoren auswerten und ausgehend von der höchsten Verdichtungsstufe Daten bis auf unterste Ebene herunterbrechen und somit Schlüsse auf spezifische Geschäftsvorfälle ziehen. Der Datenzugriff erfolgt direkt über den eigenen PC und verhindert somit eine Informationsselektion durch Dritte. Diese Auswertungsmöglichkeit ist in allen Phasen des Managementprozesses möglich. Darüber hinaus muss sich ein FIS schnell an veränderte betriebsindividuelle Strukturen wie zum Beispiel den organisatorischen Aufbau eines Unternehmens anpassen.[82] Unter Berücksichtigung der geschilderten Architekturbausteine lassen sich idealtypische Nutzergruppen von Business Intelligence identifizieren.[83]

2.2.4 Nutzergruppen von BI

Grundsätzlich lassen sich BI-Lösungen in allen Unternehmensbereichen und auf allen Mitarbeiterebenen sinnvoll einsetzen. Doch unabhängig vom konkreten Einsatzbereich lassen sich idealtypische Nutzergruppen hinsichtlich der Nutzungsart identifizieren, die in den fol-

[81] Vgl. Gluchowski, Peter / Gabriel, Roland / Dittmar, Carsten (2008), S. 114 f.
[82] Vgl. Abts, Dietmar / Mülder, Wilhelm (2002), S. 207 f.
[83] Vgl. Gluchowski, Peter / Gabriel, Roland / Dittmar, Carsten (2008), S. 115.

genden Erläuterungen als Informationskonsumenten, Analytiker und Spezialisten charakterisiert werden.[84]

Die Informationskonsumenten nutzen aufbereitete und strukturierte Informationen ohne diese weiter analysieren oder nach neuen Kriterien anordnen zu wollen. Die Berichte müssen für diese Nutzergruppe einfach und klar strukturiert sein, um auch Anwendern ohne geeignetes Know-how die Benutzung zu ermöglichen. Für die Informationskonsumenten ist ein Standardberichtswesen wie in Abschnitt 2.1.3 erläutert optimal. Daten werden in verschiedenen Szenarien dargestellt und gegenübergestellt, so werden Istzahlen mit entsprechenden Vorjahreswerten, Plan- oder Sollgrößen verglichen und Abweichungen ausgewiesen. Neben der internen Datenanalyse werden Unternehmenszahlen auch in Bezug zu Wettbewerbern gesetzt, so genannte Benchmarks, um die eigene Wettbewerbsfähigkeit und -position zu ermitteln. Der Informationskonsument stützt sich daher meist auf ein FIS und lässt sich dem Baustein der Datennutzung und -präsentation zuordnen.[85] Die Aufgabe der Informationskonsumenten ist es frühzeitig Trends zu erkennen und Auffälligkeiten zu identifizieren, um die Reaktionszeit des Unternehmens zu vergrößern und eine geeignete Strategie zu entwickeln. Besonders in den Fachbereichen Controlling und Marketing ist das Konsumieren von statischen Berichten oder Dashboards aus dem Berichtswesen von Bedeutung, da wöchentlich, monatlich oder quartalsweise Aussagen über Trends oder Umsatzentwicklungen zu treffen sind. Zudem gehört auch das Management zu dieser Nutzergruppe, da diese eine hohe Informationsdichte in Berichten benötigt, um wirtschaftliche Entscheidungen treffen zu können.[86]

Im Gegensatz zum reinen Informationskonsumenten benötigt der Analyst deutlich mehr Flexibilität in der Berichtsnavigation. Der Analyst möchte sich frei in multidimensionalen Datenräumen bewegen und individuelle Berichtssichten auswählen oder zusammenstellen können, um Chancen und Risiken im Unternehmen frühzeitig zu erkennen. Die Nutzergruppe der Analysten konzentriert sich auf das Lösen von fachlichen Problemstellungen und verwendet dafür vorhandene Modelle und Methoden. Dafür wird häufig die Methode der stufenweise Disaggregation oder Drill-Down der Informationsmenge verwendet, um

---

[84] Vgl. Gluchowski, Peter / Gabriel, Roland / Dittmar, Carsten (2008), S. 105.
[85] Vgl. Gluchowski, Peter / Gabriel, Roland / Dittmar, Carsten (2008), S. 115 f.
[86] Vgl. Begerow, Markus (o.J.), Online im Internet.

die Problemstellung bis ins letzte Detail analysieren zu können. Zusätzlich kommen Standardverfahren wie die Durchschnittsbildung, Anteilsberechnung oder Rangfolgenbildung auf Basis von Kennzahlen zum Einsatz. Die Nutzergruppe des Analysten lässt sich in der BI-Architektur der Datenanalyse zuordnen, da diese mit Hilfe von OLAP navigationsorientierte Analysen einsetzt und sich möglichst frei im Datenbestand bewegen möchte.[87] Der Analyst nimmt darüber hinaus eine wichtige Rolle im Unternehmen ein, da sein Tätigkeitsfeld neben der Konzeption, Entwicklung, Überwachung und Steuerung von BI-Systemen auch die Optimierung, Automatisierung und Überwachung von dazugehörigen Prozessen umfasst. Er fungiert deshalb auch häufig als Schnittstelle zwischen der IT-Abteilung und externen Beratern.[88]

Die dritte Nutzergruppe besitzt den größten Freiheits- und Individualisierungsgrad in BI-Systemen und verkörpert alle Bausteine der BI-Architektur. Die Spezialisten verwenden mathematische Modelle zur Prüfung von Korrelationen und Abhängigkeiten zwischen Daten, um daraus abgeleitet Ursachen-Wirkungs-Zusammenhänge erklären zu können. Er greift auf Softwarewerkzeuge zur Problemlösung zurück, besitzt jedoch auch das technische Verständnis, eigene Lösungsansätze zu realisieren, und stellt seine Erkenntnisse nach Verifizierung weiteren Anwendergruppen zur Verfügung. Der Spezialist wird vorwiegend direkt auf die methodenorientierten Funktionsbausteine zurückgreifen, um anspruchsvolle Datenanalysen durchzuführen, auch wenn er dabei funktionale Komplexität und wenig benutzerfreundliche Oberflächen im Kauf nehmen muss.[89] Zudem ist eine Herausforderung für die Spezialisten, geeignete Analysemodelle zu entwickeln, die anschließend den Analysten zur Verfügung gestellt werden können. Aus diesem Grund stellen BI-Spezialisten auch sicher, dass die zukünftigen Systeme allen Anforderungen der Fachbereiche gerecht werden. Der Spezialist ist je nach Organisation dem Fachbereich oder der IT zugeordnet, aber fungiert oft aufgrund seines betriebswirtschaftlichen Wissens mit ausgeprägtem Verständnis für Modelle und Formeln als Brücke zwischen beiden Abteilungen.[90]

---

87 Vgl. Gluchowski, Peter / Gabriel, Roland / Dittmar, Carsten (2008), S. 115 f.
88 Vgl. Begerow, Markus (o.J.), Online im Internet.
89 Vgl. Gluchowski, Peter / Gabriel, Roland / Dittmar, Carsten (2008), S. 115.
90 Vgl. Begerow, Markus (o.J.), Online im Internet.

Eine weitere und abweichende Klassifizierung der Nutzer wird von Taschner vorgenommen, der die Nutzer nach den jeweiligen Führungsaufgaben der Mitarbeiter in Ebenen unterteilt. Er setzt die Führungsaufgabe aber nicht mit der Unternehmensführung gleich, sondern sieht Führung allgemein „als zielbezogene Einflussnahme auf das Verhalten anderer Menschen“[91]. Demnach lassen sich in Bezug auf BI Nutzer mit umfassender Führungsverantwortung für das ganze Unternehmen, Nutzer mit Führungsaufgaben für bestimmte Funktionen, Prozesse und Abläufe in Unternehmen sowie Nutzer mit Führungsaufgaben für kleine, organisatorisch abgegrenzte Unternehmensteile wie etwa Abteilungen oder Teams unterscheiden. Während das Berichtswesen auf der Ebene des Gesamtunternehmens hingegen sowohl operative und strategische als auch finanzielle und nichtfinanzielle Informationen umfasst, werden für die Ebene der Teams und Abteilungen nach Taschner vorwiegend individuelle Informationen mit stark operativem Bezug benötigt. Der Informationsbedarf der Prozess- und Funktionalebene kann in dieser Klassifizierung der Nutzer als Bindeglied verstanden werden.[92]

Aus Sicht des Autors ist die alleinige Betrachtung der Nutzergruppen von BI nicht ausreichend. Bei einem BI-System bzw. betrieblichen Berichtswesen handelt es sich um einen Informationsaustausch und damit um einen Kommunikationsprozess mit mindestens zwei beteiligten Parteien. Aus diesem Grund sollten neben den Empfängern auch die Ersteller der Berichte betrachtet werden. Um einen Ersteller von Berichtsinformationen im enger gefassten Verständnis handelt es sich, wenn die Informationen für unternehmensinterne Adressaten bestimmt sind und es sich dabei um entscheidungsunterstützende Führungsinformationen handelt. Zu den Berichtserstellern gehören alle Aufgabenträger im Unternehmen, die unmittelbar mit der Verarbeitung und Aufbereitung der Berichtsinformationen beschäftigt sind. Des Weiteren lassen sich auch die Inputlieferanten, die Informationen aus verschiedenen Informationsquellen sammeln und zur Berichterstellung zur Verfügung stellen, sowie die Berichtsverantwortlichen zu den Erstellern zählen. Die Berichtsverantwortlichen sind für die Termineinhaltung und ordnungsgemäße Prozessdurchführung zuständig und meistens nicht unmittelbar an der Berichterstellung beteiligt. Allerdings können die Aufgaben der drei Rollen auch von einem Aufgabenträger übernommen werden. In dieser Konstellation ist der Berichtsersteller gleichzeitig für den Berichtsprozess sowie für

---

[91] Taschner, Andreas (2013), S. 227.
[92] Vgl. Taschner, Andreas (2013), S. 227 f.

die Beschaffung der benötigten Inputinformationen verantwortlich. Folgt man der Auffassung von Taschner, so ist die Berichterstellung immer ein arbeitsteilig organisierter Informationsprozess, bei dem der Berichtsersteller nicht mit dem Berichtsnutzer identisch ist. Dieser strikten Trennung folgt der Autor im Hinblick auf die technologischen Möglichkeiten im modernen Berichtswesen nicht, wie im weiteren Verlauf der Arbeit noch eingehender erläutert wird.[93]

2.2.5 Rolle des Controllings im BI-Umfeld

Das Controlling gilt als zentral unterstützendes Organ in den Planungs- und Berichtsprozessen innerhalb der Unternehmen.[94] Es stellt den unterschiedlichen Führungsebenen alle zur Entscheidungsfindung benötigten Informationen in einem Berichtswesen zur Verfügung. Damit verschafft das Controlling allen Führungsebenen einen transparenten Überblick über die relevanten Zahlen und Ergebnisse der Buchhaltung und Kostenrechnung.[95] Und dennoch ist ein Controlling ohne IT nicht mehr denkbar. In modernen BI-Lösungen werden heutzutage automatisierte Auswertungen von Kennzahlen, die Erstellung von Reports oder die Visualisierung von Daten ermöglicht. Dies führt zu den Fragen, warum Unternehmen überhaupt noch Controller benötigen und in wie weit sich Nutzenpotentiale von BI im Controlling ergeben können. Eine mögliche Antwort liefert die Studie des WHU Controller Panels zum Thema IT im Controlling aus dem Jahr 2015 unter der Leitung von Prof. Utz Schäffer und Prof. Jürgen Weber, an der 433 kaufmännische Leiter und Controller aus Unternehmen und Non-Profit-Organisationen teilnahmen. Laut den Ergebnissen der Studie wird das Controlling seine Bedeutung nicht verlieren. Das liegt zum einen daran, dass entgegen dem allgemeinen Trend zum Outsourcing, die Unternehmen ihre Controllingprozesse nur selten auslagern. Zum anderen liegt es daran, dass die Leistungen des Controllings unternehmensintern besonders gefragt sind, sobald dem Controlling ausgereifte BI-Systeme zur Verfügung gestellt werden. Von einem ausgereiften BI-System spricht man, sobald dieses vollständig integriert ist, schnelle Zugriffs- und Rechenzeiten bietet, vollständig auf Basis von Echtzeitdaten arbeitet, flexibel angepasst werden kann sowie nachvollziehbar dokumentiert und benutzerfreundlich ist. Ferner fördert der Einsatz moderner BI-Systeme durch verbesserte Analysen und Beratung die Interaktion zwischen Controlling

---

93 Vgl. Taschner, Andreas (2013), S. 225 ff.
94 Vgl. Schön, Dietmar (2012), S. 286.
95 Vgl. Reimus, Enrico / von Rechenberg, Wolff / Wildt, Alexander (2016), Online im Internet.

und Management. Als entscheidend sieht die Studie die Datenqualität an, die sich mit der Nutzung der BI-Systeme signifikant verbessert. Die Studie zeigt am Beispiel des Berichtswesens, dass sich der Arbeitsschwerpunkt von Controllern mit der Nutzung von BI-Tools verlagert hat.[96] Der Controller im modernen Rollenverständnis steht dem Management als Business-Partner zur Seite und entwickelt sich vom reinen Informationslieferanten zum Sparringspartner des Managements. Das historische Aufgabenspektrum des Controllers im Berichtswesen wird demnach um die Funktionen der Geschäftsanalyse und Entscheidungsunterstützung ergänzt. Das Controlling versorgt nunmehr das Management nicht nur mit entscheidungsrelevanten Informationen, sondern hält Analysen der Geschäftsentwicklung oder Maßnahmenvorschläge zur Steuerung für alle erfolgskritischen Faktoren und alle relevanten Steuerungsdimensionen des Unternehmens bereit. Durch die neue Rolle des Controllings wird nicht nur eine Informationsversorgung des Managements gesichert, sondern auch eine effektive und strategische Unternehmenssteuerung ermöglicht.[97] Demnach ersetzen BI-Systeme den Controller nicht, sondern fördern die Entwicklung zum Business-Partner.[98]

Des Weiteren stellt ein Managementinformationssystem ein wichtiges Werkzeug für den Controller zur Planung und Koordination dar. Es ermöglicht zu treffende Entscheidungen mit Hilfe von Zahlen und Auswertungen aus der Vergangenheit maßgeblich zu fundieren. Um die Nutzenpotentiale von BI-Systemen im Controlling auszuschöpfen, müssen verschiedene Faktoren beachtet werden. Eine wesentliche Rolle spielt die Berücksichtigung der Adressaten, da geklärt werden muss, an wen sich die Berichte richten und welche Informationsbedürfnisse sie erfüllen sollen. Zudem muss unter wirtschaftlichen Aspekten die Gradwanderung zwischen Nutzen und Aufwand vom Controlling bewältigt werden, weshalb in der Regel Standard- und Abweichungsberichte erstellt und nur unter besonderen Voraussetzungen auch Sonderberichte angefertigt werden. Das Controlling kann mit Unterstützung eines BI-Systems eine einheitliche Datenbasis bereit stellen, die Kommunikationsgrundlage zwischen Controlling und Management verbessern, die Prüfungssicherheit gegenüber externen Stakeholdern erhöhen und schnellere Abschluss- und Analysezeiten

---

96 Vgl. o.V. / „Haufe Online Redaktion“ (2015), Online im Internet.
97 Vgl. Gleich, Ronald / Temmel, Philipp (2008), S. 65 f.
98 Vgl. o.V. / „Haufe Online Redaktion“ (2015), Online im Internet.

ermöglichen.[99] Darüber hinaus gestalten sich Controllingaufgaben durch die Nutzung von BI effizienter, es ist mehr Zeit für Analysevorbereitungen, Management-Kommentierungen sowie für die Ausarbeitung von Maßnahmenvorschlägen für die Führungsebenen vorhanden. So wird das Controlling der oben beschriebenen neuen Rolle als Business-Partner gerecht.[100]

2.3 Verhaltenswirkungen der Informationsversorgung

Im alten Rollenverständnis wird den Controllern der zweifelhafte Ruf der „Erbsenzähler" angelastet, der vor allem durch die wenig empfängerorientierte Berichterstattung mit zu komplexen Statistiken, durch ungeeignete Vergleichsangaben, missverständliche Berichte oder eine redundante Berichterstattung begründet wird. Für andere Unternehmensbereiche ist deshalb meistens die Berichterstattung der einzige und sichtbare Output des Controllings, wodurch die Gestaltung und Aussagekraft von Berichten im modernen Controlling einen hohen Stellenwert eingenommen hat. Dennoch sind Fehler bei der Erstellung und der Übermittlung von Berichten unausweichlich oder gar unvermeidbar. Um Fehler vermeiden zu können, gilt es den Fokus nicht nur auf die Berichtszwecke zu legen, sondern auch ein Verständnis für den zugrundeliegenden Kommunikationsprozess zu entwickeln. Nachdem nämlich ein Bericht an die Empfänger versendet worden ist, kann es in den Phasen der Informationsübertragung zu Störeinflüssen kommen, die zu Informationsverlusten führen und die Wirksamkeit der Kommunikation beeinträchtigten oder sogar vollständig verhindern können.[101]

In den Wirtschaftswissenschaften wird häufig vom Menschenbild des „homo oeconomicus" ausgegangen, das als wirtschaftlich handelndes Individuum durch uneingeschränktes rationales bzw. zweckorientiertes Verhalten, ausschließliches Streben nach Nutzenmaximierung und eine lückenlose Informationsversorgung gekennzeichnet ist. Es herrschen keine Informationsasymmetrien. Aus den Erfahrungen kann aber abgeleitet werden, dass Menschen keineswegs immer und überall zweckmäßig handeln oder sich nutzenmaximierend verhalten. Auch im Berichtswesen spiegelt sich dies wider. Der Berichtsempfänger wird zu keinem Zeitpunkt alle Informationen besitzen, da andernfalls ein betriebliches Berichtswe-

---

[99] Vgl. Reimus, Enrico / von Rechenberg, Wolff / Wildt, Alexander (2016), Online im Internet.
[100] Vgl. Schön, Dietmar (2012), S. 286.
[101] Vgl. Gladen, Werner (2003), S. 246.

sen nicht mehr nötig sein würde. Ferner ist das Verhalten der Empfänger nicht immer zweckrational, sei es, weil sie Informationen individuell interpretieren oder Informationen überhaupt nicht wahrnehmen. Der Ansatz des homo oeconomicus stellt deshalb weniger ein Abbild der Realität als vielmehr ein theoretisches Konstrukt dar. Nach Taschner entsteht eine Lücke der Rationalität, die als Differenz zwischen dem theoretischen Entscheidungsoptimum und dem vorgefundenen Verhalten der Menschen interpretiert werden kann. Solche Differenzen sind auch im Prozess des betrieblichen Berichtswesens typisch und unvermeidbar. Ob und inwieweit das Berichtswesen seinen Zweck erfüllen kann, ist vor allem von den Eigenschaften und dem Verhalten der beteiligten Akteure abhängig. Der Mensch ist daher ein wesentlicher Störfaktor des Berichtswesens und steht im Mittelpunkt der folgenden Diskussion.[102] In den folgenden Abschnitten werden zunächst die Quellen für Störungen im Berichtswesen dargestellt, bevor anschließend untersucht wird, ob es ein optimales Berichtswesen in Unternehmen geben kann.

2.3.1 Störeinflüsse im Berichtswesen

Informationsverluste oder Effektivitätseinbußen können sowohl im allgemeinen Informationsübermittlungsprozess als auch im betrieblichen Berichtswesen verursacht werden. Dadurch kann die Wirksamkeit der Kommunikation bis hin zur Unwirksamkeit verringert werden. Als Störungen des Berichtswesens können alle Effekte personeller und organisatorischer Natur bezeichnet werden, die ihre Ursache im menschlichen Verhalten haben und als Ergebnis die Erreichung der Berichtszwecke beeinträchtigen oder gänzlich verhindern.[103] Laut Koch werden Störungen in der Informationsübermittlung in der Literatur anhand zweier Kriterien systematisch klassifiziert. Zum einen das Übertragungsmodell der Informationstheorie (auch Kommunikationsprozess genannt)[104] und zum anderen die semiotischen Ebenen einer Information. Koch sieht in beiden Ansätzen einen Zusammenhang, weshalb er eine Klassifikation von Störungen nach beiden Kriterien vorgenommen hat. Darüber hinaus zeigt Koch Verbindungen zwischen beiden Ansätzen auf, die nachfolgend genauer erläutert und zusätzlich in Abbildung 5 veranschaulicht werden.[105]

---

[102] Vgl. Taschner, Andreas (2013), S. 182 f.
[103] Vgl. Taschner, Andreas (2013), S. 185.
[104] Das Übertragungsmodell der Informationstheorie besteht in der verkürzten Fassung aus dem Sender, der die Quelle des Informationsflusses darstellt, aus dem Übertragungskanal, der die Nachricht vom Sender zum Empfänger transportiert und aus dem Empfänger, der die Nachricht wahrnimmt und klassifiziert, um daraus Informationen gewinnen zu können (Vgl. Schulze-Wischeler, Britta (1995), S. 28 f.).
[105] Vgl. Koch, Rembert (1994), S. 71 f.

Für ein Grundverständnis muss zunächst eine Unterscheidung der semiotischen Ebenen in syntaktische, semantische und pragmatische Störungen vorgenommen werden. Eine syntaktische Störung liegt vor, wenn eine Zeichenfolge vom Empfänger nicht so wahrgenommen wird, wie der Sender diese absendet bzw. abzusenden beabsichtigt.[106] Die syntaktischen Störungen treten auf, sobald die Signal- und Zeichenketten zwischen dem Berichtsersteller (Sender) und dem Berichtsempfänger nicht fehlerfrei übermittelt werden. Der Berichtsersteller macht beispielsweise Schreibfehler oder setzt das Komma bei Zahlenangaben an der falschen Stelle, er spricht undeutlich oder zu leise. Selbstverständlich liegen auch syntaktische Störungen beim Empfänger vor, wenn dieser durch Hintergrundgeräusche das Gesprochene nicht versteht oder ihm ein Flüchtigkeitsfehler beim Lesen unterläuft.[107]

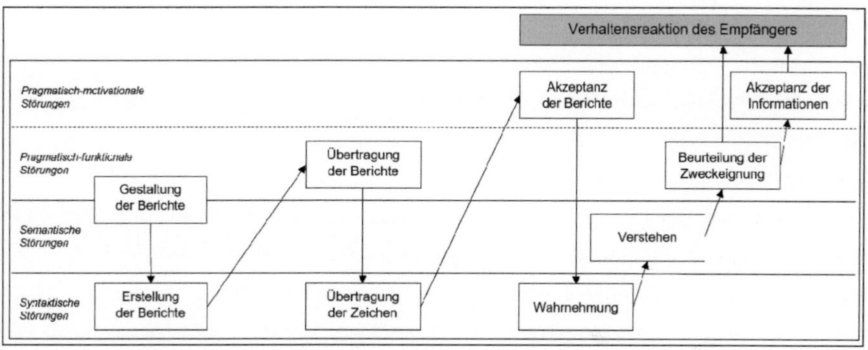

Abbildung 5: Entstehungsmöglichkeiten von Störungen im Berichtswesen
Quelle: In Anlehnung an Koch, Rembert (1994), S. 99 und Gladen, Werner (2003), S. 247.

„Die Semantik […] behandelt die inhaltliche Bedeutung von Zeichen“[108], erläutert Koch die zweite semiotische Ebene der Information. Demnach stehen der Sender und der Empfänger in einer Beziehung zueinander, bei der es möglich ist, dass Sender und Empfänger den übermittelten Zeichen nicht die gleiche Bedeutung zuordnen. In diesem Fall besteht eine semantische Störung, die beispielsweise durch die Verwendung eines nicht verstan-

---

[106] Vgl. Koch, Rembert (1994), S. 72 f.
[107] Vgl. Taschner, Andreas (2013), S. 185.
[108] Koch, Rembert (1994), S. 73.

denen Fachausdrucks des Senders oder durch eine falsche Interpretation des Empfängers verursacht werden kann.[109]

In Situationen, in denen die Berichtsinformation nicht das erwartete Verhalten beim Empfänger auslöst und damit die Zweckbestimmung verfehlt, wird von pragmatischen Störungen gesprochen. Die Ursachen solcher Störungen können sowohl beim Sender als auch beim Empfänger liegen. Zum Beispiel kann der Berichtsersteller den Informationsbedarf des Empfängers falsch einschätzen und liefert unpassende Daten. Zudem könnte der Empfänger dem Ersteller bzw. den Berichtsinhalten misstrauen und seine Entscheidungen auf andere Quellen stützen.[110] Eine zweckmäßige Unterscheidung der pragmatischen Störungen kann weiterführend nur unter Berücksichtigung der einzelnen Bestandteile des Kommunikationsprozesses, bestehend aus Sender, Übertragungskanal und Empfänger von Nachrichten vorgenommen werden. Dabei werden die zuvor geschilderten syntaktischen und semantischen Störungen in das Übertragungsmodell eingeordnet und gleichzeitig eine Basis für eine weitere Unterteilung von pragmatischen Störungen geschaffen.[111]

Die Aufgaben des Senders im Kommunikationsprozess in Bezug auf das Berichtswesen in Unternehmen bestehen aus der Planung, Gestaltung und Erstellung der Berichte bzw. der Informationsabgabe. Im Rahmen der Planung und Gestaltung erfolgt eine Koordination der Berichtsmerkmale sowie insbesondere die Abstimmung der übrigen Gestaltungsmerkmale auf den Berichtszweck (vgl. Abschnitt 2.1.2). Mit den festgelegten Ausprägungen der Berichtsmerkmale kann nun die Erstellung der Berichte begonnen und können diese anschließend an die vorgesehenen Empfänger übermittelt werden. In Bezug auf Störungen bei der Informationsübermittlung lässt die Phasentrennung zwischen Gestaltung und Erstellung der Berichte eine Einordnung der vom Sender versursachten syntaktischen und semantischen Störungen zu. Die durch den Berichtsersteller verursachten syntaktischen Störungen entstehen erst bei der Erstellung der Berichte und somit unabhängig von der Festlegung der einzelnen Berichtsmerkmale. Dagegen kann beispielsweise eine unzweckmäßige Begriffswahl in der Gestaltungsphase auftreten, weshalb semantische Stö-

[109] Vgl. Koch, Rembert (1994), S. 73.
[110] Vgl. Taschner, Andreas (2013), S. 185.
[111] Vgl. Koch, Rembert (1994), S. 74 ff.

rungen sowohl in der Planung als auch in der Gestaltung von Berichten vorzufinden sind.[112] Weiterführend unterscheidet Szyperski drei Störungsarten, die im Informationsübermittlungsprozess zwischen Sender und Empfänger entstehen können. Eine vom Sender an den Empfänger abgegebene Information unterliegt einer kommunikativen Störung, wenn der Empfänger die Information nicht oder verzerrt empfängt (syntaktische Störung), einer kognitiven Störung, wenn der Empfänger die Zeichen und Symbole nicht versteht oder falsch interpretiert (semantische Störung) und einer motivationalen Störung, wenn der Empfänger die Information nicht akzeptiert.[113] Die erstgenannte Ausprägung der kommunikativen Störung kann mit dem Begriff der Wahrnehmung gleichgesetzt werden, welche nach Koch für den Empfang von Signalen durch menschliche Sinnesorgane verantwortlich ist. Daraus ergibt sich eine Dreiteilung für den Informationsübermittlungsprozess in Wahrnehmung, Verstehen und Akzeptanz seitens des Empfängers. Als vierte Phase kann zusätzlich die Verhaltensreaktion des Empfängers betrachtet werden.[114]

Die beiden Phasen der Wahrnehmung und des Verstehens sind eng miteinander verknüpft, da bei der Aufnahme von Informationen durch den Empfänger diese von der sinnlichen Wahrnehmung zur bewussten Vorstellung gelangt. Eine Trennung zwischen beiden Phasen ist laut Koch dennoch sinnvoll, da – wie bereits vorab verdeutlicht – die syntaktischen Störungen der Wahrnehmung und die semantischen Störungen dem Verstehen zugeordnet werden können. Die dritte Phase des Prozesses der Informationsübermittlung ist die Akzeptanz der Empfänger, welche die Annahme eines bestimmten Akzeptanzobjektes, d. h. einer Situation oder einer Person, beinhaltet. Ferner verdeutlicht die Akzeptanz die Einstellung des Empfängers gegenüber eines Berichts oder einer Information. Die Informationsaufnahme durch den Empfänger beginnt zwar mit der Wahrnehmung, setzt jedoch die Akzeptanz voraus. Darüber hinaus kann zwischen den Phasen des Verstehens und der Akzeptanz von Informationen eine eigene Phase, die Beurteilung der Zweckbezogenheit von Informationen, definiert werden. Diese hat direkten Einfluss auf die Akzeptanz der Informationen und damit auf die Verhaltensreaktionen des Empfängers.[115] Die Verhaltensreaktion des Empfängers ist abhängig von der ihm übertragenen Aufgaben, da diese erfüllt werden soll, und ist deshalb nicht mehr dem Übertragungsmodell bzw. Informationsüber-

---

[112] Vgl. Koch, Rembert (1994), S. 76 ff.
[113] Vgl. Szyperski, Norbert (1981), S. 1430 f.
[114] Vgl. Koch, Rembert (1994), S. 79 f.

mittlungsprozess zuzuordnen. Die Aufgabe der Informationsübermittlung durch das Berichtswesen ist dabei hauptsächlich die Sicherstellung des Kennens. Der Empfänger soll über adäquate Informationen verfügen, um die ihm übertragenen Aufgaben zu erledigen, und somit den an ihn gerichteten Verhaltenserwartungen gerecht werden. Darüber hinaus soll er in Kenntnis relevanter Informationen sein. In diesem Zusammenhang ist aber eine notwendige Bedingung, dass der Empfänger diese Informationen auch wahrnehmen bzw. verstehen kann und möchte, was wiederum gleichzusetzen ist mit dem Prozess der Informationsaufnahme (Wahrnehmung, Verstehen, Akzeptanz).[116]

Bezugnehmend auf die zu Beginn geschilderten semiotischen Ebenen lässt sich nun eine weiterführende Klassifikation der pragmatischen Störungen vornehmen. Die Akzeptanz im Prozess der Informationsaufnahme ist in zwei Phasen untergliederbar: die Akzeptanz von Berichten sowie von Informationen. Diese sind den verhaltensbezogenen pragmatischen Störungen zuzuordnen, da sie auf sozio-emotionale Gründe zurückzuführen sind. Sie werden deshalb auch als pragmatisch-motivationale Störungen bezeichnet. Wie bereits erläutert, ist auch eine Übermittlung von Informationen möglich, die in keiner Beziehung zu den vom Empfänger verfolgten Zielen steht. Diese Informationsübermittlung ist nicht zweckorientiert. Im Schwachstellenkatalog von Blohm werden neben dieser Übermittlungsart ungeeignete Vergleichsangaben, zu viele Einzelheiten an Leitungsorgane, eine Doppelberichterstattung oder die Fortführung nicht mehr benötigter Berichte dem Themenkomplex der Zweckbezogenheit zugeordnet.[117] Als Abgrenzung von pragmatisch-motivationalen Störungen können demnach Störungen, die aus der Zweckbezogenheit resultieren, als pragmatisch-funktionale Störungen bezeichnet werden. Darüber hinaus lassen sich keine bzw. eine zu späte Übermittlung zweckorientierter Informationen durch den Sender oder den Übertragungskanal sowie die falsche Beurteilung der Zweckorientierung der übermittelten Informationen durch den Empfänger den pragmatisch-funktionalen Störungen zuordnen.[118]

Gladen stimmt der Auffassung von Koch zu und stellt heraus, dass zum größten Teil der Berichtsempfänger über die Störeinflüsse bei der Informationsübertragung entscheidet, da

---

[115] Vgl. Koch, Rembert (1994), S. 80 ff.
[116] Vgl. Koch, Rembert (1994), S. 87 ff.
[117] Vgl. Blohm, Hans (1974), S. 54.

der Berichtsersteller nur bedingt die Eigenschaften der Empfänger, wie z. B. die Aufnahmefähigkeit, das fachliche Können oder Persönlichkeitsmerkmale wie Selbsteinschätzung u. ä. beeinflussen kann. Seiner Meinung nach kann die Wirksamkeit von Berichten über die inhaltliche und formale Ausgestaltung besonders im Hinblick auf die Empfängereigenschaften beeinflusst werden. Des Weiteren verweist Gladen auch auf die Persönlichkeitsmerkmale der Berichtsersteller, wie Glaubwürdigkeit oder Machtstellung, die sich auf das Verhalten der Empfänger auswirken und bei der Berichterstellung berücksichtigt werden müssen.[119]

2.3.2 Optimales Berichtswesen

Die erläuterten Störeinflüsse zeigen, dass der Mensch eine wesentliche Störgröße im Berichtswesen darstellt und dass diese Störungen auf unterschiedlichen semiotischen Ebenen und in allen Phasen des Informationsprozesses auftreten können. Damit Störungen im Berichtswesen minimiert werden und ein optimales Berichtswesen aufgebaut werden kann, müssen Grundprinzipien eingehalten werden.

„Ein Berichtswesen muss fokussieren und priorisieren können“[120], stellt Waniczek als eines der Grundprinzipien dar. Seiner Meinung nach ist eine inhaltich-quantitative Darstellung von Informationen im Überfluss und im Übermaß nicht zielführend. Ferner sollte sich das Berichtswesen an zukünftige Anforderungen flexibel anpassen lassen und ein einheitliches Verständnis über des subjektiven Nutzens vorhanden sein.[121] Darüber hinaus könnte die Beachtung von Gestaltungsregeln ein störungsfreies Berichtswesen gewährleisten. Dazu sind Berichte übersichtlich und in einem sinnvollen Verdichtungsgrad zu erstellen, damit die Wahrnehmung der Informationen durch den Empfänger erfolgen kann. Des Weiteren wird das Informationsverständnis der Berichtsempfänger maßgeblich durch die Eindeutigkeit von Informationen und verwendeten Begriffe oder die Darstellungsform beeinflusst. Als eine der wesentlichen Gestaltungsregeln hinsichtlich eines optimalen Berichtswesens kann die Beurteilung der Zweckorientierung und die Beachtung der Persönlichkeitsmerkmale der Empfänger und Sender gesehen werden. Demnach müssen sich die Berichtsersteller, wie bereits erwähnt durch Glaubwürdigkeit auszeichnen. Zudem kann

---

[118] Vgl. Koch, Rembert (1994), S. 96 ff.
[119] Vgl. Gladen, Werner (2003), S. 247.
[120] Waniczek, Mirko (2013), S. 106.

eine Partizipation der Empfänger an der Berichterstellung die Akzeptanz der Berichte steigern.[122]

Selbstverständlich kann sich durch die Einhaltung der geschilderten Grundprinzipien und Gestaltungsregeln der optimalen Erfüllung der Informationsversorgungsaufgabe durch das Berichtswesen angenähert werden. Doch allein die bloße Bestimmung des Optimums erweist sich als schwierig. Für Blohm ist das Berichtswesen optimal, „wenn es alle zur Erreichung der Betriebs- bzw. Unternehmensziele zu erfüllenden Zwecke unter Wahrung des Prinzips der Wirtschaftlichkeit [...] erfüllt“[123]. Seiner Meinung nach ist ein Berichtswesen dann als optimal anzusehen, wenn jeder Beteiligte zur rechten Zeit und in der rechten Form die Informationen erhält, die er zur bestmöglichen Erledigung seiner Aufgaben benötigt. Aus letzterem Vorschlag kann abgleitet werden, dass ein Optimum im Berichtswesen dann erreicht wird, wenn es in allen Gestaltungsdimensionen keine Schwachstellen aufweist. Die alltägliche Unternehmenspraxis lässt aber darauf schließen, dass ein optimales Berichtswesen unerreichbar ist. Zum einen ist der Informationsbedarf der Informationsnutzer nicht durchgängig stabil. Die Bestimmung des Berichtszweckes bleibt in einer dynamischen Welt vielmehr ein kontinuierlicher Prozess, in dem die daraus abgeleiteten Anforderungen an die Gestaltungsdimensionen nur kurzfristig erfüllt werden können. Zum anderen ist der Informationsbedarf per Definition subjektiv und damit nicht bei allen Berichtsempfängern gleich. Demnach kann ein homogenes Berichtswesen, welches allen Nutzern die gleichen Informationen zur Verfügung stellt, in der Dimension des Informationsgegenstandes nicht optimal sein. Auf der anderen Seite kann ein differenziertes Berichtswesen, das an die subjektiven Bedürfnisse jedes Empfängers angepasst ist, in den anderen Dimensionen nicht optimal sein. Diese zwei Ausprägungen stehen somit im Zielkonflikt. Für Taschner erweist sich in der Praxis die Tatsache, dass Störungen nie gänzlich vermieden werden können, als die größte Hürde auf dem Weg zu einem optimalen Berichtswesen. Dieser Auffassung folgt der Autor, da sowohl den mit der Sammlung und Aufbereitung der Berichtsinformationen betrauten Personen als auch den Nutzern der Informationen Fehler unterlaufen, wie im Abschnitt 2.3.1 bereits erläutert wurde.[124] Es lässt sich deshalb konstatieren, dass es das „perfekte“ Berichtswesen nicht geben kann, da die zu befriedigenden

---

[121] Vgl. Waniczek, Mirko (2013), S. 105 f.
[122] Vgl. Göpfert, Ingrid (2002), S. 152 f.
[123] Blohm, Hans (1974), S. 14.

Informationsbedürfnisse der einzelnen Empfänger zu unterschiedlich, die dahinterstehenden Probleme zu komplex, die verfügbaren Datenquellen zu umfangreich und die verfügbaren Ressourcen zu beschränkt sind.[125] Und dennoch existieren am Markt viele innovative Ansätze, die als Ziel die Optimierung des Berichtswesens haben. Self-Service-BI ist einer dieser Ansätze, der die Fachabteilungen in den Prozess der Berichterstellung aktiv einbindet und somit eine neue Form der Berichterstattung ermöglicht. Das wiederum hat Einfluss auf die Kommunikationsprozesse in den Unternehmen und bietet das Potential, die geschilderten Störungen im Berichtswesen zu unterbinden. Das Konzept von Self-Service-BI wird deshalb im nachfolgenden Abschnitt eingehender erläutert.

2.4 Self-Service-BI (SSBI) im Berichtswesen

Das klassische betriebliche Berichtswesen wird der Dynamik digitalisierter und moderner Märkte kaum mehr gerecht. Die Fachabteilungen, ob Vertrieb, Marketing oder Controlling, müssen in immer kürzerer Zeit immer mehr Informationen verarbeiten und komplexe Zusammenhänge darstellen, um auf dieser Basis Entscheidungen treffen zu können. Der traditionelle Weg über die IT-Abteilungen führt dazu, dass die Daten oftmals zum Zeitpunkt der Bereitstellung schon wieder veraltet sind. Die Gründe dafür sind vielfältig. Beispielsweise müssen die fachlichen Anforderungen an die IT-Abteilung zunächst übermittelt werden, weshalb die Entwicklung einer entsprechenden Lösung dann oft zeitverzögert erfolgt. Zudem kommt es häufig zu Abstimmungs- und Freigabeprozessen zwischen den Fachabteilungen und der IT, die den Prozess der Berichterstellung oder -anpassung ineffizient machen. Darüber hinaus führt die Kommunikation zwischen Fachbereich und IT regelmäßig zu Missverständnissen, was Reibungsverluste verursacht. Die Konsequenz sind ungenutzte Berichte, deren Inhalte an den Anforderungen vorbeigehen oder die Fragen der Nutzer nicht adäquat beantworten bzw. die aktuellen Einflussfaktoren auf die Geschäftstätigkeit nicht widerspiegeln.[126] Insofern ist es nicht verwunderlich, dass die Forderungen vieler Anwender nach mehr Flexibilität und Benutzerfreundlichkeit bei der unternehmensweiten Datenanalyse wachsen und sich Lösungen für Self-Service-BI (SSBI) durchsetzen. Den Fachanwendern wird ein selbstständiger Zugriff auf Informationen unabhängig von der IT ermöglicht. Dem Begriff Self-Service-BI subsumieren sich demnach diverse Funkti-

[124] Vgl. Taschner, Andreas (2013), S. 53 f.
[125] Vgl. Taschner, Andreas (2013), S. 182.
[126] Vgl. Claßen, David (2015), S. 27.

onen, Datenarchitekturen und organisatorische Rahmenbedingungen, die einen agilen Ansatz von BI unterstützen.[127] Des Weiteren können Aufgaben an den entsprechenden Stellen mit dem erforderlichen Hintergrundwissen bearbeitet werden, was zu hochwertigen und praxisrelevanten Erkenntnissen führen kann. Zudem wird den Fachanwendern mehr Raum für Auswertungsmöglichkeiten und vollkommen neue Ideen geschaffen. Diese können mit Self-Service-BI über den Tellerrand hinausschauen und sind viel eher dazu bereit, unbekannte Zusammenhänge zu entdecken. Dennoch braucht die Analysefreiheit der Anwender neue Regeln und Rahmenbedingungen, die das Aufkommen uneinheitlicher Kennzahlen und falscher Erkenntnissen verhindern.[128]

Die Bedeutung von Self-Service-BI wird auch bei Betrachtung der aktuellen Trends im BI-Markt deutlich: In der aktuellen Studie „BI Trend Monitor 2017“ des Business Application Research Centers (BARC), an der weltweit rund 2.800 Anwender teilnahmen, wurde Self-Service-BI als einer der Trends mit der größten Relevanz für die tägliche Arbeit bewertet und hat aus Sicht der Befragten einen starken Einfluss am Markt sowie in den Unternehmen.[129] Im weiteren Verlauf dieser Arbeit soll auf das Konzept von Self-Service-BI im Berichtswesen detaillierter eingegangen werden. Dazu wird zunächst ein Überblick über die allgemeine Begriffsdefinition von Self-Service-BI gegeben, bevor anschließend auf die verschiedenen Potentiale eingegangen wird. Darüber hinaus werden die fachlichen, technischen und organisatorischen Funktionsbausteine sowie die Voraussetzungen für einen möglichen Einsatz von Self-Service-BI erläutert. Abschließend werden anhand einer Marktsegmentierung aktuelle SSBI-Werkzeuge beispielhaft vorgestellt.

2.4.1 Definition und Abgrenzung

Die Bezeichnung „Self-Service“ im Kontext von Business Intelligence sagt bereits viel über die eigentliche Bedeutung aus. Selbst (engl. „self“) impliziert, dass Personen bestimmte Aufgaben (engl. „services“) in eigener Regie und Verantwortung übernehmen und bearbeiten. Eckerson definiert Self-Service-BI daher wie folgt: „Empower users to create their own reports so users get what they want when they want it without having to ask IT“[130]. Bei der Analyse dieser Definition wird deutlich, dass Self-Service-BI im Gegenteil zum klassischen

---

[127] Vgl. Bange, Carsten / Hinterberger, Janet (2012), S. 1.
[128] Vgl. Claßen, David (2015), S. 27.
[129] Vgl. Bange, Carsten / Lörcher, Wiebke (2016), Online im Internet.

Berichtswesen mehr Eigenverantwortung und Möglichkeiten für Anwender aus den Fachabteilungen bietet.[131] Franke versteht unter SSBI die Bereitstellung einer IT-Umgebung, mit der Fachanwender unabhängig von der IT-Abteilung in der Lage sind, Analysen und Berichte zu erstellen. Dies stimmt mit der Auffassung von Eckerson überein und führt dazu, dass Fachanwender mehr Verantwortung und Rechte im Umgang mit BI-Werkzeugen erhalten. Seiner Meinung nach könne dadurch eine schnellere und effizientere Verarbeitung von Informationen gewährleistet werden. Das wiederum schaffe eine bessere Entscheidungsgrundlage für das Unternehmensmanagement. Des Weiteren könne durch den Einsatz von SSBI die IT-Abteilung von bestimmten Aufgaben entlastet werden, die nicht mehr mit peripheren Aufgaben, wie beispielsweise der Bereitstellung von Daten, beauftragt werden müsse.[132] Ferner fließen auch Aufgaben in das Arbeitsgebiet der Fachanwender ein, die vorbereitend zum Erstellen der Berichte dienlich sein können. Hierfür kann exemplarisch die Modellierung eines Datenmodells genannt werden. „Personal BI (also known as self-service BI) empowers businesses to offload effort from IT pros and build their own models for self-service data exploration and reporting“[133], bringt Lachev diesen Gedankengang zum Ausdruck. Nach Lachev ist Self-Service-BI ein Zusammenspiel der IT und den jeweiligen Fachabteilungen. Die Fachanwender sind dabei die ausführenden Kräfte, wohingegen die IT sich um die Planung, Bereitstellung und Überwachung der SSBI-Umgebung kümmert. Zur Überwachung zählen zum Beispiel Aspekte wie die Anzahl der Aufrufe einer BI-Applikation, die Entwicklung des Datenvolumens oder die Übersicht der zugrunde liegenden Datenquellen. Als Resultat kann die IT die Ressourcen erweitern oder Datenquellen optimieren und gewährleistet damit die dauerhafte Aufrechterhaltung der Stabilität des Berichtswesens.[134] Im Rahmen einer sogenannten Managed Self-Service-BI übernimmt die IT-Abteilung damit wichtige koordinierende Funktionen und stellt eine Infrastruktur bereit, auf deren Basis die Fachanwender die Vorzüge der SSBI-Werkzeuge nutzen können.[135]

[130] Eckerson, Wayne (o.J.), Online im Internet.
[131] Vgl. Geist, Fabian / Kluin, Torsten / Ritz, Harald (2013), S. 48 f.
[132] Vgl. Franke, Robert (2016), S. 45.
[133] Lachev, Teo (2012), S. 31.
[134] Vgl. Geist, Fabian / Kluin, Torsten / Ritz, Harald (2013), S. 48 ff.
[135] Vgl. Claßen, David (2015), S. 28.

Zusammenfassend lässt sich festhalten, dass durch SSBI neue Möglichkeiten geschaffen werden, Fachbereiche aktiv in den Entwicklungsprozess des Berichtswesens einzubinden. Die Fachanwender übernehmen eigenständig Aufgaben der IT, wie beispielsweise die Erstellung von Datenmodellen und Berichten. Was zuvor IT-basiert war, kann mit SSBI zu bestimmten Teilen in den Verantwortungsbereich der Fachabteilung übergehen. Das Ziel dabei ist immer, einen möglichst reibungslosen Austausch von Informationen mit hoher Qualität und ohne Zeiteinbußen im Unternehmen zu realisieren.[136]

2.4.2 Potentiale von Self-Service-BI

Die Gründe für den Einsatz und die sich daraus ergebenden Potentiale von Self-Service-BI sind vielfältig. Die Bereitstellung von Informationen in einem Berichtswesen ist heutzutage ein komplexer Kreislauf, von dem Entscheidungen auf allen Unternehmensebenen und in allen Unternehmensbereichen abhängen. Die Unternehmen müssen zur Informationsgenerierung eine Fülle an Daten verifizieren, zusammenführen, auswerten und zum Schluss anforderungsgerecht aufbereiten.[137] Das Zeitfenster von der Datenverifizierung bis hin zur Entscheidung wird dabei immer kleiner, wodurch der Druck auf die Fachanwender, immer mehr Informationen in immer kürzerer Zeit zu verarbeiten und zu analysieren, zunimmt. In der Vergangenheit hat die IT das Datenmaterial für die Analysen und Berichte den Fachabteilungen zusammen- und bereitgestellt. Aufgrund der geschaffenen technologischen Voraussetzungen in den letzten Jahren ist dieses Vorgehen aber veraltet und ineffizient.[138] Mit Hilfe von Self-Service-BI können sich die Fachabteilungen individuelle Analysen zum gewünschten Zeitpunkt erstellen und eigenständig Daten verarbeiten, um gezielte und zweckmäßige Informationen zur Entscheidungsunterstützung zu generieren. Den Anwendern kann dadurch ein direkter Zugriff auf relevante Daten gewährt werden, ohne dass diese den Umweg über die IT nehmen müssen. Es bietet sich dabei an, die Dashboards, Grafiken und Berichte nach bereits bekannten Mustern aufzubauen und damit dem Datenkonsumverhalten der Anwender entgegenzukommen. Als Vorbild eignet sich beispielsweise ein Aufbau, der mit den verbreiteten Office-Lösungen von Microsoft vergleichbar ist. Grundsätzlich gilt: Je müheloser die Berichtsentwicklung und je zugänglicher und verlässlicher die aufbereiteten Daten sind, desto größer ist die Nutzerakzeptanz.

---

[136] Vgl. Geist, Fabian / Kluin, Torsten / Ritz, Harald (2013), S. 47 f.
[137] Vgl. Jagoda, Nathan (2014), Online im Internet.
[138] Vgl. Franke, Robert (2016), S. 47 ff.

Dabei muss nicht jeder Nutzer die Daten im Detail nachvollziehen können, wie das zum Beispiel bei Analysten oder Unternehmensstrategen der Fall ist. Den Mitarbeitern sollen nach der Devise „Intelligence for Everyone" lediglich Einblicke in die Daten gewährt werden, die sie für ein effizientes Arbeiten in ihrem Aufgabenbereich oder für die Kommunikation im Unternehmen benötigen. Durch den Einsatz zeitgemäßer BI-Systeme lassen sich demnach die Erstellungs- und Übermittlungsprozesse im Berichtswesen optimieren, die zu einer Effizienzsteigerung in der Informationsversorgung führen. Darüber hinaus können Unternehmen das bisher ungenutzte Potential im Bereich des Informationsmanagements erschließen, sofern sie die vorhandenen Daten einem breiten Anwenderkreis zugänglich machen. Dabei ist entscheidend, den einzelnen Nutzergruppen einen Zugang zu genau den Daten zu gewähren, die diese für faktenbezogene Entscheidungen benötigen.[139] Laut der amerikanischen Studie „State of Self-Service BI" der Firma Logi Analytics Inc. aus dem Jahr 2015 bilden die neugewonnene Flexibilität und Selbstständigkeit der Anwender eines der größten Potentiale. Demnach halten rund 91% der Teilnehmer aus Fachabteilungen einen Zugriff auf Daten und Informationen ohne die Unterstützung der IT für sinnvoll und betrachten die Steigerung der operativen Effizienz als wichtigstes Ergebnis durch den Einsatz von SSBI-Werkzeugen.[140] Ein weiteres Potential von Self-Service-BI ist die Verbesserung der Datenqualität im Berichtswesen. Eine schlechte Datenqualität, die als Basis für die Entscheidungsfindung dient, kann schwerwiegende Folgen nach sich ziehen, da sie sich auf die Geschäftszahlen oder die strategische Ausrichtung eines Unternehmens auswirkt. Die IT war häufig nicht in der Lage, die dargestellten Informationen aus fachlicher Sicht einer Plausibilitätsprüfung zu unterziehen, wodurch teilweise fehlerhafte Informationen in den Berichten dargestellt und anschließend in einem mühsamen Kommunikationsprozess zwischen IT und Fachbereich behoben wurden.[141] Die Anwenderbefragung „Time is money" des Business Application Research Centers untersuchte 2015 ebenfalls die Potentiale von Self-Service-BI. Der Studie zufolge seien eine lange Anpassungsdauer und Bereitstellungszeit von Berichten, eine unklare Anforderungsdefinition sowie eine fehlende Integration externer Daten zentrale Gründe für den Einsatz von SSBI. Demnach müssen Anwender im Schnitt rund drei Tage warten, bis neue Berichte im Berichtswesen zur Verfügung stehen. Es wird davon ausgegangen, dass hierbei nicht nur die reine Kommunika-

---

[139] Vgl. Jagoda, Nathan (2014), Online im Internet.
[140] Vgl. Logi Analytics (2015), S. 3 ff.
[141] Vgl. Jagoda, Nathan (2014), Online im Internet.

tion zwischen Berichtsempfänger und Berichtsersteller den Zeitaufwand in die Höhe treibt, sondern auch die oft notwendigen Iterationen und Anforderungsdefinitionen.[142] Ähnlich verhält sich laut der Studie auch die Anpassungsdauer bestehender Berichte, die gemäß der Befragten im Durchschnitt mehr als einen Tag beträgt. Self-Service-BI kann diese langen Prozessketten, beginnend bei der Anforderungsdefinition, über die Kommunikation mit dem Berichtsersteller bis hin zur Abnahme bei der Erstellung und Anpassung von Berichten, umgehen. Dadurch können die Anwender schneller auf Geschäftsvorfälle reagieren und die erforderlichen Informationen im Unternehmen bereitstellen.[143] Die Befragten sehen zudem eine unklare Anforderungsdefinition (47%), gefolgt von mangelnden Ressourcen im Fachbereich (38%) sowie einer Überlastung der IT (35%), als wichtigste Ursachen für eine verzögerte Bereitstellung von Berichten.[144] Darüber hinaus fehlt 89% der Befragten der Zugriff auf externe Daten. Viele Unternehmen sind immer noch stark auf interne Daten fokussiert und greifen auf Informationen zu Kunden, Produkten, Lieferanten, Bestellungen sowie Mitarbeitern ausschließlich aus den eigenen Vorsystemen zu. Die entscheidenden Probleme seien Sicherheitsbedenken, technische Probleme bei der Datenintegration oder inhaltliche Herausforderungen bei der Zuordnung von Daten. Laut der Studie scheinen vor allem im Controlling externe Daten für beispielsweise Benchmarks mit Wettbewerbern zu fehlen. Die Studie sieht in der Agilität ein Schlüsselelement für eine schnellere Bereitstellung von Informationen. Eine schnellere Entscheidungsfindung sei eines der wichtigsten Ziele in den Unternehmen. Mit Hilfe von Self-Service-BI könnten die oftmals mühsamen Abstimmungen zwischen Fachbereich und IT abgekürzt oder gleich umgangen werden, so die Studie.[145] Folglich ergibt sich daraus, dass die Optimierung des Kommunikationsprozesses zwischen Fachbereich und IT eines der wesentlichen Potentiale von Self-Service-BI darstellt. Das wiederum führt zu einer Minimierung der Störungsrisiken im Kommunikationsprozess des Berichtswesens (vgl. Abschnitt 2.3.1). Durch eine eigenständige Berichterstellung der Fachanwender kann es hierdurch auf den semiotischen Ebenen zu weiteren Optimierungen kommen. So können beispielsweise weniger Übermittlungsfehler zwischen Sender und Empfänger auf der syntaktischen Ebene auftreten, da der Berichtsersteller auch gleichzeitig der Berichtsempfänger ist. Des Weiteren werden die Berichte direkt im Fachbereich mit entsprechendem Know-how erstellt, wodurch Missver-

[142] Vgl. Bitterer, Andreas / Mack, Melanie (2015), S. 14.
[143] Vgl. Bitterer, Andreas / Mack, Melanie (2015), S. 13.
[144] Vgl. Bitterer, Andreas / Mack, Melanie (2015), S. 19.

ständnisse und Fehlinterpretationen auf der semantischen Ebene vermieden werden können. Ferner kann auf der pragmatischen Ebene die Zweckmäßigkeit der Berichte durch Self-Service-BI erhöht werden, da der Fachanwender seinen Informationsbedarf selbst festlegen und entsprechend abdecken kann, ohne die IT in den Erstellungsprozess einbinden zu müssen.

2.4.3 Funktionsbausteine von Self-Service-BI

Aus den verschiedenen Potentialen von Self-Service-BI lassen sich Funktionsanforderungen der Anwender ableiten, die sich in verschiedene Bausteine gliedern lassen und abhängig vom ausgewählten SSBI-Werkzeug zur Verfügung stehen können. Grundsätzlich erfordert die Nutzung von Self-Service-Funktionen nicht zwingend den Erwerb spezieller BI-Werkzeuge, da häufig die eingesetzten BI-Systeme in Unternehmen bereits zusätzliche Self-Service-Funktionalitäten anbieten. Eine Gliederung der Funktionsbausteine kann unabhängig vom Lösungsweg und ausgewählten SSBI-Werkzeug erfolgen. Eine große Bedeutung kommt in jedem Fall der Data Governance zu, die im Hinblick auf die Kontrolle und Überwachung der Prozesse die elementare Basis für eine adäquate Self-Service-Strategie darstellt. Auf eine detaillierte Erläuterung von Data Governance wird an dieser Stelle verzichtet, da auf das Thema zu einem späteren Zeitpunkt noch eingegangen wird.[146]

Die Modifikation von Berichten stellt den ersten Funktionsbaustein von Self-Service-BI dar (vgl. Abbildung 6). Der Anwender soll in die Lage versetzt werden, bestehende Berichte für die eigenen Zwecke abzuändern und personalisierte Sichten auch dauerhaft abzuspeichern.[147] So können Berichte unkompliziert angepasst werden, indem Grafiken, Dimensionen, berechnete Werte und Kennzahlen zusätzlich dargestellt werden. Die Möglichkeiten der selbstständigen Modifikation von Berichten bieten eine höhere Flexibilität im Vergleich zum Standardreporting und erzielen eine Reduktion der Anpassungsdauer. Auf der anderen Seite entsteht jedoch eine Vielzahl an Berichten, die eventuell nicht mit den Standardberichten kombiniert werden können und widersprüchliche Kennzahlen enthalten.[148] Im zweiten Funktionsbaustein werden alle Tätigkeiten der Fachanwender zusammengefasst,

---

[145] Vgl. Bitterer, Andreas / Mack, Melanie (2015), S. 23.
[146] Vgl. Franke, Robert (2016), S. 50.
[147] Vgl. Matzke, Harald (2013), S. 201.

die zur Erzeugung neuer Berichte oder Analysen auf Anfrage oder für den eigenen Bedarf notwendig sind. Durch die Erstellung von Ad-hoc-Analysen können die Anwender eigenständig Erkenntnisse über die Geschäftsprozesse gewinnen, ohne dass damit die IT beauftragt werden muss. Ferner erhöht die Erweiterung der Ad-hoc-Funktionalitäten um analytische Funktionen, wie zum Beispiel die einfache Erstellung eigener Kennzahlen, die Benutzerfreundlichkeit einer Lösung. Einer der wesentlichen Vorteile ist, dass Berichte und Analysen nach den genauen Vorstellungen des Anwenders abgebildet werden können. Die technische Umsetzung erfolgt meistens über eine semantische Schicht, die die Komplexität der tendenziell technischen Datenmodellierung für einen Fachanwender kapselt und in eine verständliche Form übersetzt. Dem Anwender stehen die angebundenen Datenquellen dadurch als eine Art Bibliothek mit verfügbaren Datenobjekten (Dimensionen und Kennzahlen) zur Verfügung, wodurch ein einfacher Zugriff (ad hoc) gewährleistet werden kann.[149] Dennoch ist hierfür ein Grundverständnis nötig, um aus den verschiedenen Datenquellen die richtigen Erkenntnisse ableiten zu können.[150]

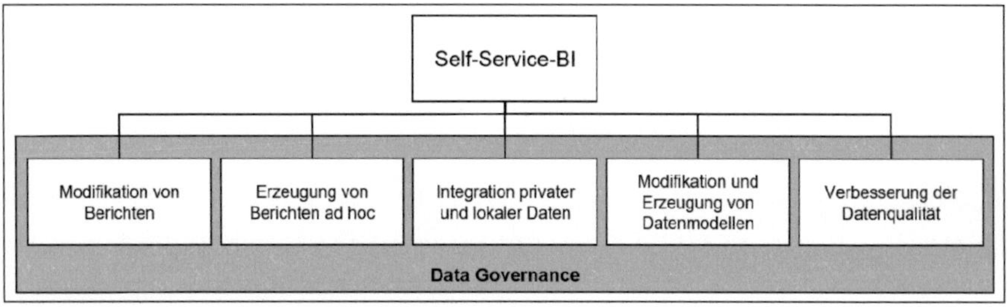

Abbildung 6: Funktionsbausteine von Self-Service-BI
Quelle: in Anlehnung an Franke, Robert (2016), S. 51.

Ein weiterer Funktionsbaustein von Self-Service-BI ist die Integration externer und möglicherweise nur lokal vorhandener Daten in eine Analyse. Diese Funktion ist eine häufige Anforderung bei Ad-hoc-Auswertungen, um beispielsweise externe Daten in die Analyse einbeziehen zu können. Oftmals werden dabei Tabellenkalkulations- oder Textdateien verwendet, die in Verbindung mit den Daten aus dem Data Warehouse ausgewertet wer-

[148] Vgl. Franke, Robert (2016), S. 51 f.
[149] Vgl. Franke, Robert (2016), S. 51 f.

den müssen. Das sorgt dafür, dass das Controlling nicht warten muss, bis die IT die entsprechenden Daten im Data Warehouse bereitgestellt hat.[151] Bei der Integration von Daten lassen sich drei unterschiedliche Wege wählen, wie Anhang 4 zusätzlich verdeutlicht. Die Integration externer Daten ermöglicht den Anwendern somit die unkomplizierte Kombination lokaler, externer Daten mit Daten aus dem Data-Warehouse. Auf der anderen Seite fördert diese Funktionalität eine mögliche Heterogenität unterschiedlicher Berichte, und eine Klärung der Datenherkunft ist im Nachhinein oft nur mit erheblichem Aufwand möglich. Im vierten Funktionsbaustein von Self-Service-BI haben die Anwender die Möglichkeit, Datenmodelle selbstständig zu erzeugen oder zu modifizieren. Durch die eigene Auswahl der Datenkombinationen können zum Beispiel Szenarien simuliert werden, um Prognosen für künftige Geschäftsprozesse abzubilden.[152] Dieser Funktionsbaustein kommt der Anforderung des Managements nach, auch unterjährige Strukturveränderungen zeitnah in den Berichten darzustellen. Der Anwender kann dadurch in vorhandenen Datenquellen neue Zusammenhänge herstellen, neue Kennzahlen definieren oder neue Datenmodelle erstellen.[153] Ferner dringt der Anwender mit der eigenständigen Modifikation und Erzeugung von Datenmodellen in den Aufgabenbereich der IT ein. Er fungiert somit als Entwickler und erstellt neue Datenmodelle, die für den eigenen Bedarf benötigt werden oder andere Informationskonsumenten bei der täglichen Arbeit unterstützen. Im fünften und letzten Funktionsbaustein trägt der Fachanwender zur Sicherstellung der Datenqualität bei, indem er im Aufgabenbereich des Datenmanagements die IT zusätzlich unterstützt und für eine Überwachung und Verbesserung der Datenqualität mitverantwortlich ist (Data Stewardship).[154] Der Anwender ist hierbei für die Konsistenz der Daten verantwortlich und kann diese nicht nur direkt modifizieren, sondern auch Validierungsregeln aufstellen. Zusätzlich können fehlende oder erworbene Daten direkt über das SSBI-Werkzeug eingeben werden. Das Ergebnis sind optimierte Geschäftsprozesse, die das Berichtswesen mit qualitativ hochwertigeren Daten versorgen. Für ein erfolgreiches Datenmanagement ist eine enge Zusammenarbeit zwischen IT und Fachanwender essentiell.[155]

---

[150] Vgl. Matzke, Harald (2013), S. 201.
[151] Vgl. Matzke, Harald (2013), S. 202.
[152] Vgl. Franke, Robert (2016), S. 54 f.
[153] Vgl. Matzke, Harald (2013), S. 202.
[154] Vgl. Geist, Fabian / Kluin, Torsten / Ritz, Harald (2013), S. 50.
[155] Vgl. Franke, Robert (2016), S. 55 f.

Eine weitere und differenziertere Unterscheidung des Funktionsumfanges von Self-Service-BI wird von Alpar und Schulz vorgenommen, die SSBI in drei Stufen aufteilen. In der ersten Stufe erhält der Anwender einen Zugriff auf Informationen, die bereits im Vorfeld durch die IT erstellt worden sind, und kann über Filtermöglichkeiten verschiedene Ansichten einsehen. Zudem ist es auf dieser Stufe möglich, von einem niedrigen zu einem höheren Detaillierungsgrad über Drill-down zu gelangen. In der zweiten Stufe kann der Anwender eigene Berichte aufbauen und mit den vorhandenen Datenquellen neue Informationen generieren. Darüber hinaus erhält der Anwender Zugriff auf analytische Funktionen und ist nicht mehr bei der Bereitstellung der Informationen von der IT abhängig. In der dritten und höchsten Stufe von Self-Service-BI nach Alpar und Schulz hat der Anwender die größten Freiheiten bei der Informationsgenerierung. Hierbei erhält dieser die Möglichkeit, neue Datenquellen in das bestehende System einzubinden und neue Datenmodelle aufzubauen.[156]

Zusammenfassend wird bei der Betrachtung der unterschiedlichen Funktionsbausteine und Stufen von Self-Service-BI deutlich, dass es sich um ein Zusammenspiel zwischen Anwendern aus den Fachabteilungen und der IT handelt. Der Anwender ist dabei meistens von der Vorarbeit der IT abhängig. Die IT trägt die Verantwortung, einen unkomplizierten Ablauf der Prozesse zu gewährleisten, klare Grenzen und Strukturen zu definieren und deren Einhaltung sicherzustellen. Nur bei einer erfolgreichen Umsetzung der Funktionsbausteine können die vielfältigen Anforderungen der Anwender erfüllt und das Ziel eines reibungslosen Austausches von Informationen mit hoher Qualität im Berichtswesen durch Self-Service-BI erreicht werden.[157]

2.4.4 Voraussetzungen für den Einsatz

Die Grundvoraussetzung für den Einsatz von Self-Service-BI ist aus technischer Sicht die Bereitstellung einer adäquaten Infrastruktur mit einer entsprechenden Entwicklungsumgebung (SSBI-Umgebung), die im Verantwortungsbereich der IT liegt. In einer adäquaten Infrastruktur zählt Data Governance ebenfalls zu einer grundlegenden Voraussetzung, um die Nutzung von SSBI zu ermöglichen und zu fördern.[158] Data Governance bietet als

---

[156] Vgl. Alpar, Paul / Schulz, Michael (2016), S. 152 f.
[157] Vgl. Geist, Fabian / Kluin, Torsten / Ritz, Harald (2013), S. 51.
[158] Vgl. Geist, Fabian / Kluin, Torsten / Ritz, Harald (2013), S. 56.

Überwachungsinstrument ein Rahmenwerk zur Datenverwaltung und -änderung. Dabei wird das Ziel verfolgt, die Flexibilität und Unabhängigkeit für Fachanwender gemäß der definierten Self-Service-Funktionen mit einer Datenarchitektur zu verbinden, welche die Bereitstellung zentraler sowie qualitätsgesicherter Daten gewährleistet.[159] Data Governance sorgt dafür, dass Fachanwender Zugriff auf die Daten erhalten, die sie für ihre Analysen benötigen. Die Daten müssen dabei gut auffindbar und erreichbar sein. Als problematisch haben sich zum Beispiel technische Bezeichnungen erwiesen, die aus den Vorsystemen in das Data Warehouse übernommen wurden. Mit Hilfe von Data Governance ist diesbezüglich sicherzustellen, dass die Daten in den Datenbanken gepflegt werden. Weiterführend ist für den Zugang zu den Daten ein Sicherheitskonzept zu erarbeiten, das die Zugriffsberechtigungen der Fachabteilungen/-anwender festlegt.[160] Data Governance vermeidet somit die Bildung einer sogenannten „Schatten-IT", bei der jeder Anwender seine eigenen Berichte und Kennzahlen entwickelt oder gar eigene Informationstechnologien verwendet. Nur so kann verhindert werden, dass die Effizienz- und Kostensparpotentiale von SSBI nicht wieder zunichtegemacht werden.[161] Unabhängig von der Infrastruktur ist es darüber hinaus wichtig, eine detaillierte Stakeholder-Analyse durchzuführen, um nicht am Bedarf vorbei zu agieren. Dabei muss der Frage nachgegangen werden, ob der Informationsbedarf über das aktuell eingesetzte Berichtswesen hinausgeht. Self-Service-BI sollte diesen zusätzlichen Informationsbedarf abdecken, um möglichen Redundanzen vorzubeugen. Ferner können überschneidende Informationen vorliegen; in diesem Fall muss jedoch die Integrität der Daten gewährleistet werden. Eine Stakeholder-Analyse ist zudem hilfreich, um mit dem eingesetzten SSBI-Werkzeug anforderungsgerecht zu handeln. Dabei müssen verschiedene Nutzergruppen mit je unterschiedlichem Informationsbedarf berücksichtigt werden.[162] Aus diesem Grund sind rollenspezifische Funktionalitäten ein wichtiges Kriterium und Voraussetzung für die Nutzung von SSBI. Einerseits muss dem Power User mit seinem speziellen Know-how die Möglichkeit einer eigenständigen Erstellung von Berichten und Analysen geboten werden, da dieser am meisten Informationen benötigt. Andererseits müssen aber auch dem Endanwender, der SSBI-Werkzeuge ausschließlich zur Anzeige und zur einfachen Modifikation verwendet, entsprechende Berichte angeboten

---

[159] Vgl. Franke, Robert (2016), S. 63.
[160] Vgl. Geist, Fabian / Kluin, Torsten / Ritz, Harald (2013), S. 56.
[161] Vgl. Franke, Robert (2016), S. 46.
[162] Vgl. Lamprecht, Andreas / Seifert, Andreas (2015), S. 49.

werden.[163] Eine Stakeholder-Analyse hilft also, die Bedarfe in den Fachabteilungen zu identifizieren und zu differenzieren. Folglich kann der Nutzerkreis möglichst sinnvoll eingegrenzt werden. Des Weiteren bilden die Benutzerfreundlichkeit, und damit verbunden die Reduzierung der Komplexität des Datenmodells, die Grundlagen für den Einsatz von Self-Service-BI. Dabei muss die IT den Konflikt zwischen steigenden Anforderungen an verfügbaren Informationsdetails und einer übergeordneten Komplexität überwinden. Ein komplexes Datenmodell kann schnell die Effektivität und Benutzerfreundlichkeit von SSBI negativ beeinflussen.[164] Denn auch Anwendern mit geringeren technischen Vorkenntnissen muss die Verwendung von SSBI-Werkzeugen ermöglicht werden. Darüber hinaus sollen technisch versiertere Anwender entsprechend dem Nutzerrollenkonzept die Möglichkeit erhalten, eigene Daten benutzerfreundlich zu integrieren.[165]

Ein häufiger Fehler bei der Bereitstellung von BI-Werkzeugen ist die mangelnde Kenntnis über die korrekte Verwendung. Oft konfrontieren Unternehmen die Mitarbeiter völlig unvorbereitet mit den neuen Möglichkeiten der Datenanalyse und verzichten auf ein Training der Mitarbeiter. Eine Schulung der Mitarbeiter vermeidet aber die Gefahr, dass aus mangelnder Kompetenz heraus falsche Erkenntnisse geschlussfolgert werden. Durch die Einbindung der Mitarbeiter kann das vorhandene Analysepotential von SSBI vollends erschlossen und ein Bewusstsein für den Wert von Daten bei den Anwendern geschaffen werden.[166]

2.4.5 Software für Self-Service-BI

Der Softwaremarkt für Business Intelligence ist groß und wird von den Big Playern SAP, Microsoft, Oracle oder IBM angeführt. BI-Werkzeuge versorgen Vorstände und Geschäftsführer kontinuierlich mit entscheidungsrelevanten Informationen und haben sich seit Jahren fest in den Unternehmen etabliert. Dennoch galten in der Vergangenheit viele BI-Werkzeuge als zu umständlich und zu teuer. Zudem waren dem Mittelstand der technische und personelle Aufwand meist zu hoch, um eigene BI-Systeme im Unternehmen aufzubauen. Doch in den letzten Jahren haben die BI-Softwareanbieter die Anforderungen und Wünsche nach mehr Agilität und Benutzerfreundlichkeit bei der Entwicklung der BI-

---

[163] Vgl. Franke, Robert (2016), S. 49 f.
[164] Vgl. Lamprecht, Andreas / Seifert, Andreas (2015), S. 50.
[165] Vgl. Franke, Robert (2016), S. 45 f.

Produkte berücksichtigt. Viele der neuen BI-Produkte setzen kein komplexes BI-Umfeld voraus, sind intuitiv zu bedienen und haben sich der Philosophie von Self-Service-BI verpflichtet.[167] Grundsätzlich lässt sich eine Marktsegmentierung von Software für Self-Service-BI in drei Produktkategorien vornehmen. Der ersten Produktkategorie werden alle Werkzeuge subsumiert, die eine bestehende BI-Lösung um zusätzliche SSBI-Funktionen erweitern oder die Usability, meist durch neue Softwarereleases, verbessern.[168] Ein Beispiel dieser Kategorie ist das mittelstandsorientierte Softwarehaus Sage aus Frankfurt, das in seinen ERP-Software-Lösungen zusätzliche BI-Funktionalitäten anbietet. Neben den Modulen für Warenwirtschaft, Rechnungswesen und Personalwirtschaft wurde das Angebot um ein Controlling-Paket erweitert. Dieses wendet sich gezielt an Geschäftsführer und stellt ein umfangreiches Kennzahlen-Portfolio bereit. Mit dem neuen Paket lassen sich einfach per Drag-and-Drop Fragen zu Umsätzen, Verbindlichkeiten oder Kostenstellenbelastungen beantworten. Darüber hinaus können eigene Analysen erstellt werden, die beispielsweise den Markterfolg durch Trendverläufe darstellt.[169] Neue Werkzeuge im Portfolio bisheriger BI-Suiten werden dagegen der zweiten Produktkategorie zugeordnet. Hierbei handelt es sich meist um separate Werkzeuge oder Add-ons mit verbesserter Benutzerführung und Visualisierung.[170] Ein Beispiel dieser Kategorie ist das neue Werkzeug Data Visualization von Oracle, das mit dem Major-Release 12c der Business-Intelligence-Plattform im April 2015 vorgestellt wurde. Data Visualization erlaubt visuelle und explorative Datenanalysen der Fachanwender und deckt damit die Anforderungen von Self-Service-BI ab.[171] Darüber hinaus können Daten aus unterschiedlichen Quellen in Data Visualization miteinander verknüpft und die Daten problemlos in Beziehung zueinander gesetzt sowie aus verschiedenen Blickwinkeln betrachtet werden. Die Bedienung des Werkzeugs ist intuitiv und erlaubt automatische Visualisierungen, bei der die Darstellungsform in Abhängigkeit von der Datenauswahl automatisch ausgewählt wird.[172] In der dritten Produktkategorie von Self-Service-BI werden eigenständige Angebote mit klarem Fokus auf den Fachbereichen unter Berücksichtigung von Benutzerfreundlichkeit, Visualisierung und Datenmanagement zusammengefasst. Diese eigenständigen SSBI-Werkzeuge haben

---

[166] Vgl. Claßen, David (2015), S. 27 f.
[167] Vgl. Manhart, Klaus (2015), Online im Internet.
[168] Vgl. Lörcher, Wiebke (2013), Online im Internet.
[169] Vgl. Manhart, Klaus (2015), Online im Internet.
[170] Vgl. Lörcher, Wiebke (2013), Online im Internet.
[171] Vgl. Seidler, Larissa (2015), Online im Internet.

häufig eine separate und eigene Datenspeicherung.[173] Eines der bekanntesten SSBI-Werkzeuge in diesem Marktsegment ist QlikView von der Firma Qlik. Das schwedische Unternehmen gilt als einer der Pioniere für innovative Ansätze, um Geschäftsdaten einfach und schnell zu verwalten, zu analysieren und darüber zu berichten. QlikView überzeugt mit einer integrierten In-Memory-Technologie, die multidimensionale Daten im Hauptspeicher vorhält und schnelle Auswertungen ermöglicht. Darüber hinaus ist eines der Hauptmerkmale die moderne und intuitive Bedienung. Dem Motto „Simplifying decisions for everyone, everywhere“ verpflichtet, lässt sich das Werkzeug auch von Fachanwendern ohne technisches Verständnis bedienen.[174] Qlik legt zudem viel Wert auf eine mobile Nutzung. Die Anwendungen müssen nur einmal für ein beliebiges Gerät erstellt werden und sind anschließend auf jedem Gerät wie Desktop, Tablet oder Mobilgeräten verfügbar. Die Darstellung und das Design werden automatisch an die Form und die Interaktionsmethode des Geräts angepasst.[175]

Eine weiterführende Betrachtung des SSBI-Werkzeugs Data Visualization wird in Kapitel 4 in Form einer Fallstudie vorgenommen, und anhand eines definierten Anwendungsszenarios im Controlling wird eine qualitative Mehrwertanalyse durchgeführt.

2.5 Zusammenfassung

Das betriebliche Berichtswesen bildet das zentrale Steuerungs- und Kontrollinstrument in Unternehmen und wird hauptsächlich vom Controlling verantwortet. Ziel des Berichtswesens ist es, das Management mit relevanten Informationen zu versorgen. Dadurch wird das Management in die Lage versetzt, wirtschaftliche Entscheidungen auf Basis fundierter Informationen treffen zu können. Bei der Erstellung der benötigten Berichte im Berichtswesen ist auf die Zweckmäßigkeit zu achten, da Informationen mit unterschiedlicher Informationsdichte für verschiedene Adressaten bereitgestellt werden müssen. Zudem hat der Berichtszweck Einfluss auf die übrigen Gestaltungsdimensionen der Berichte. Beispielsweise ist die Wahl der Darstellungsform abhängig vom Grad der Informationsdichte. Demnach werden verdichtete Informationen häufig in Form von Grafiken und detaillierte

[172] Vgl. Oracle (o.J. A), Online im Internet.
[173] Vgl. Lörcher, Wiebke (2013), Online im Internet.
[174] Vgl. Manhart, Klaus (2015), Online im Internet.
[175] Vgl. Qlik (o.J.), Online im Internet.

Informationen in Tabellenform dargestellt. In den meisten Unternehmen werden Standardberichte definiert, die regelmäßig den Informationsbedarf der Adressaten decken. Ein modernes Berichtswesen wird heute als Berichtssystem mit Hilfe von BI-Lösungen umgesetzt. Die BI-Systeme automatisieren den gesamten Prozess des betrieblichen Berichtswesens, von der Datenlieferung bis hin zur Veröffentlichung der Berichte. Dabei werden Daten aus den Vorsystemen gesammelt, aufbereitet und einheitlich in einem Data Warehouse gespeichert. Anschließend können die Daten ausgewertet und über ein Frontend[176] den Entscheidungsträgern zur Verfügung gestellt werden. Trotz der technischen Unterstützung ist die Berichterstellung häufig aufwendig und zeitintensiv. Dabei kommt es gerade in der Kommunikation zwischen Fachabteilung und IT zu Störungen im Informationsfluss. Beispielsweise werden Anforderungen des Fachbereichs in den Berichten nicht umgesetzt, da das Verständnis auf Seiten der IT fehlt. Häufig wird dadurch die Zweckmäßigkeit der Berichte verfehlt und es kommt zu Informationsasymmetrien, da die beteiligten Personen über unterschiedliche Informationen verfügen. Ferner werden klassische BI-Systeme als zu teuer, zu unflexibel und in der Entwicklung zu zeitintensiv eingestuft. Eine potenzielle Lösung zur Optimierung des betrieblichen Berichtswesens scheint mit Self-Service-BI gefunden worden zu sein.[177] Die Flexibilität und Selbstständigkeit der Anwender bei der Nutzung von Unternehmensinformationen ist einer der Trends im BI-Bereich in den letzten Jahren. Erst 2016 gaben 55% der Unternehmen an, Self-Service-BI bereits einzusetzen und 16% planen den Einsatz innerhalb von zwölf Monaten, wie BARC in seiner Studie „BI Survey 2016" herausfand.[178] SSBI kann einen großen Wertbeitrag durch die Unabhängigkeit der Anwender leisten, da diese mit existierenden oder neuen Informationen ohne Unterstützung der IT arbeiten können. Das Ergebnis ist, schneller relevante Entscheidungen treffen zu können. Die entstehende Flexibilität durch SSBI erschwert aber auch die Nutzung einheitlicher Kennzahlen und Standards. Das Spannungsfeld zwischen übergreifenden Standards und gleichzeitig lokaler Flexibilität kann nur durch eine akzeptierte Data Governance gelöst werden. Die IT nimmt dabei eine wichtige Rolle ein, betreut die SSBI-Umgebungen und gilt als Wegbereiter für einen erfolgreichen Einsatz von

[176] Bei einem BI-System bezeichnet das Frontend den Bereich der Software, den der Benutzer sieht und mit dem dieser interagieren kann. Dazu gehören der Aufbau, das Design sowie die Darstellungsart in Form von Grafiken, Texten oder Zahlen (vgl. Hery-Mossmann, Nicole (2016), Online im Internet).

[177] Vgl. Geist, Fabian / Kluin, Torsten / Ritz, Harald (2013), S. 57.

[178] Vgl. isReport Online (o.J.), Online im Internet.

SSBI.[179] Darüber hinaus verlagert sich durch den Einsatz von SSBI die Verantwortung für die Erstellung der Berichte in die Fachbereiche der Unternehmen. Das Controlling nimmt dabei eine neue Rolle als Entscheidungsunterstützer und Business-Partner ein. Der Controller wird mit immer mehr Aufgaben rund um das Berichtswesen konfrontiert und muss ein größeres Verständnis für die Geschäftstätigkeit entwickeln. In der neuen Rolle versteht sich der Controller als interner Dienstleister, der auch beratend den Entscheidungsträgern zur Seite steht. Um die steigenden Anforderungen gerecht zu werden, benötigen Controller SSBI-Werkzeuge, um aus verschiedenen Blickwinkeln analysieren und Aussagen treffen zu können. Ferner können Gründe für positive und negative Entwicklungen erarbeitet und Sachverhalte detaillierter geklärt werden. Dem Controlling stehen somit mehr Argumentationsmöglichkeiten zur Verfügung. Aus praktischer Sicht bleibt dennoch zu klären, ob die neue Rolle des Controllings mit SSBI umgesetzt werden kann und ob überhaupt der Wunsch nach Eigenständigkeit und Flexibilität im Berichtswesen existiert. Die folgende praxisorientierte Studie untersucht die Notwendigkeit von SSBI im Controlling und versucht Antworten auf die Fragen zu geben.

[179] Vgl. Franke, Robert (2016), S. 66.

3 Praxisorientierte Studie – SSBI im Controlling

Die wissenschaftliche Fundierung der vorangegangenen Kapitel thematisiert die Bedeutung der Self-Service-BI als eines wesentlichen Treibers für den Wandel im Berichtswesen. Das traditionelle Standardberichtswesen erfüllt die zentralen Informationsanforderungen der Führungsebenen, dies begründet seinen hohen Stellenwert in den Unternehmen. Ein modernes Berichtswesen muss sich aber an die stetig wechselnden Anforderungen anpassen können und sollte flexibel einsetzbar und anpassbar sein. Laut dem aktuellen Forschungsstand und theoretischen Ansätzen zu diesem Thema bietet SSBI eine Vielzahl an Potentialen, die zum Teil die Störungen im Berichtswesen reduzieren können. Dennoch bleibt die praktische Anwendbarkeit im Controlling diskutabel. Darüber hinaus untersuchten bis dato veröffentlichte Studien das Thema SSBI ausschließlich mit Fokus auf dem Gesamtunternehmen. In der vorliegenden Studie soll die Notwendigkeit von SSBI im Fachbereich Controlling untersucht und dabei konkret auf die Anforderungen im Controlling eingegangen werden. Dafür wird zunächst die Zielsetzung und übergeordnete Fragestellung der Studie erläutert, um, daraus abgeleitet, Thesen zur Untersuchung bilden zu können. Anschließend wird das methodische Vorgehen dargestellt, in dem auf die Stichprobenbeschreibung, die Auswahl der Erhebungsmethode und auf die Durchführung der Befragung eingegangen wird. Danach folgt die Auswertung und Bewertung der Ergebnisse im Hinblick auf die zuvor aufgestellten Thesen sowie auf die übergeordnete Forschungsfrage. Das Kapitel wird abgeschlossen mit einer Zusammenfassung der wesentlichen Erkenntnisse und einer kritischen Betrachtung der Studie.

3.1 Zielsetzung, Fragestellung und Thesen

Das primäre Ziel der Studie ist die Untersuchung möglicher Anwendungspotentiale von Self-Service-BI im Berichtswesen mit dem Fokus auf dem Fachbereich Controlling. Dabei soll hauptsächlich geprüft werden, ob der Einsatz von SSBI-Werkzeugen eine praktische Relevanz im Controlling darstellt und inwieweit diese Form der Berichterstellung bei der täglichen Arbeit unterstützend sein kann, um in der Rolle als Business-Partner die steigenden Anforderungen zu erfüllen. Ferner kann mit Hilfe der Studie untersucht werden, wie das Controlling grundsätzlich das Begriffsgebilde SSBI definiert und welche Potentiale dieses mit dem Einsatz verbindet. Des Weiteren soll ermittelt werden, ob überhaupt der Wunsch nach mehr Verantwortung und selbstständiger Erstellung von Berichten im Controlling vorhanden ist und wie die aktuelle Situation in den Unternehmen beurteilt wird.

Abgleitet aus den Zielen lässt sich daher die folgende übergeordnete Fragestellung aufstellen:

Ist der Einsatz von Self-Service-BI im Controlling eine Notwendigkeit, um als Business-Partner des Managements agieren zu können?

Um die zentrale Fragestellung untersuchen zu können, wurden die folgenden Behauptungen in Form von wissenschaftlichen Thesen aufgestellt und in sieben Kategorien unterteilt.

(T1) Status Quo:
Das Standardberichtswesen mit traditioneller Rollenverteilung zwischen Controlling und IT ist den heutigen Anforderungen nicht mehr gewachsen und verursacht Informationsasymmetrien.

(T2) Funktionalität:
Der Fokus von SSBI liegt auf der Erstellung und Durchführung von Ad-hoc-Analysen, um situativ Informationen zur Entscheidungsunterstützung zu generieren.

(T3) Anpassungszeit und Bearbeitungsdauer:
SSBI gewährleistet einen effizienten Zugang zu Informationen.

(T4) Einbindung externer Daten:
Die eigenständige Integration externer Daten in ein BI-System kann das Analyseergebnis verbessern.

(T5) Datenqualität:
SSBI ist ein technischer Transformationstreiber, der die Qualität der Berichterstattung verbessert.

(T6) Kommunikation:
Je größer die Fachbereichsverantwortung bei der Erstellung und Verteilung von Berichten ist, desto zielführender ist die Kommunikation zwischen den jeweiligen Unternehmensbereichen.

(T7) Wahrnehmung und Akzeptanz:

SSBI erhöht die Akzeptanz des Berichtswesens im Unternehmen.

Im weiteren Verlauf der Arbeit werden die Thesen einer Überprüfung unterzogen und anhand der Umfrageergebnisse verifiziert oder falsifiziert sowie hinsichtlich der übergeordneten Fragestellung, der Theorie und der Praxis bewertet.

3.2 Methodisches Vorgehen

Die methodische Vorgehensweise stellt die Techniken vor, die zur Datenerhebung in dieser Arbeit genutzt wurden. Daher wird in diesem Kapitel zunächst eine Beschreibung der Stichprobe durchgeführt, bevor anschließend die gewählte Erhebungsmethode zur Informationsgewinnung begründet dargestellt wird sowie die konkreten Arbeitsschritte zur Durchführung der Befragung erläutert werden.

3.2.1 Beschreibung der Stichprobe

Die Frage, welcher Personenkreis im Rahmen der Studie befragt werden soll, lässt sich vor dem Hintergrund der zu prüfenden Fragestellung beantworten. Demnach bilden Mitarbeiter/-innen (im Weiteren Mitarbeiter genannt) aus dem Fachbereich Controlling die Hauptzielgruppe der vorliegenden Studie. Um darüber hinaus unterschiedliche Betrachtungsweisen miteinander vergleichen zu können, sind auch Mitarbeiter aus der IT-/EDV-Abteilung sowie Führungskräfte als Zielgruppen zu berücksichtigen. Aus den genannten Zielgruppen Controlling, IT/EDV und Management ergibt sich ein Grundgesamtheitsumfang von ca. 250 Personen, die an der Untersuchung teilnehmen können. Dabei wurde die Annahme getroffen, dass größere Unternehmen bereits ein BI-System zur Unterstützung des Berichtswesens einsetzen, wodurch der Fokus auf Teilnehmer/-innen (im Weiteren Teilnehmer genannt) aus Unternehmen mit mehr als 250 Mitarbeitern lag. Diese sind gemäß der Definition des Handelsgesetzbuches §267 als mittlere und große Unternehmen einzustufen.[180]

Bei der anschließenden Stichprobenziehung wurde eine Kombination aus aktiver und passiver Rekrutierung gewählt. Bei einer aktiven Stichprobenziehung wird versucht Personen zur Teilnahme über aussagekräftig formulierte E-Mail-Einladungen zu bewegen, da im sel-

---

[180] Vgl. Fleischer, Holger (2013), S. 66 f.

tenen Optimalfall hierfür eine vollständige Adressliste der Zielgruppe zur Verfügung steht. Ferner wurde die Schneeballtechnik zur aktiven Rekrutierung angewandt. Hierbei werden Einladungsmails an die Zielgruppe versendet und die Empfänger gebeten, die versendete Einladung auch an andere Personen weiterzuleiten. Eine Beispieleinladung kann in Anhang 5 eingesehen werden. Zusätzlich wurde die Stichprobenziehung um eine passive Auswahl der Versuchsteilnehmer ergänzt. Bei der passiven Rekrutierung wird ein Einladungstext mit einem Link auf einer Webseite, in Online-Foren oder sozialen Netzwerken veröffentlicht. Hierzu wurde das soziale Netzwerk XING mit Fokus auf berufliche Kontakte als geeignete Plattform ausgewählt und es wurde über einen Empfehlungsbeitrag versucht, Personen zur Teilnahme zu bewegen (vgl. Abbildung 7).[181] Darüber hinaus wurde die Suchfunktion von XING genutzt, um Personen der relevanten Zielgruppe eine persönliche Einladungsnachricht zu senden.

Abbildung 7: Empfehlungsbeitrag auf XING
Quelle: XING (2017), Online im Internet.

Die Basis für die empirische Untersuchung bildet eine Stichprobe von 41 in verschiedenen Branchen tätigen Personen im Alter zwischen 18 und 59 Jahren. Darüber hinaus haben elf

[181] Vgl. Thielsch, Meinald T. / Weltzin, Simone (2012), S. 115 f.

weitere Personen mit der Beantwortung der Umfrage begonnen, aber nicht final abgeschlossen, weshalb diese nicht in den zu berücksichtigenden Gesamtumfang einfließen. Unter Abzug der Teilnahmen mit Stichprobenfehler ergibt sich eine Rücklaufquote von 16,4%. Der Hauptanteil der Teilnehmer ist mit über 70% im Fachbereich Finanzen und Controlling und weitere 19% sind in der IT oder EDV beschäftigt. Gerade einmal 12,2% der Teilnehmer arbeiten in einer Führungsposition. Die Berufserfahrung der meisten Teilnehmer beträgt zwischen fünf und 20 Jahren (ca. 72%). Zudem nahmen fünf Personen mit mehr als 20 Jahren Berufserfahrung an der Umfrage teil, die heute in leitenden Positionen tätig sind. Hinsichtlich der Schulbildung erfolgt eine Einteilung der Teilnehmer in fünf Fachgebiete. Demnach absolvierte die überwiegende Mehrheit der Teilnehmer eine Ausbildung in der Betriebswirtschaftslehre (57,5%) und weitere 30% verteilen sich auf die Fachgebiete Wirtschaftsinformatik, Volkswirtschaftslehre und Mathematik (vgl. Tabelle 1). Der größte Anteil der Teilnehmer ist zwischen 35 bis 44 Jahre alt (42,5%), gefolgt von den Teilnehmern zwischen 25 bis 34 Jahren (35%).

Schulbildung der Teilnehmer	**N**	**%**	**Altersgruppenverteilung** (Anzahl[%])			
			18 – 24 Jahre	25 – 34 Jahre	35 – 44 Jahre	45 – 59 Jahre
Betriebswirtschaftslehre	23	57,5	2 (8,7)	9 (39,1)	9 (39,1)	3 (13)
Mathematik	2	5,0	-	1 (50,0)	-	1 (50,0)
Volkswirtschaftslehre	4	10,0	1 (25,0)	-	2 (50,0)	1 (25,0)
Wirtschaftsinformatik	6	15,0	-	2 (33,3)	4 (66,7)	-
Sonstige	5	12,5	-	2 (40,0)	2 (40,0)	1 (20,0)
Gesamt	**40**	**100,0**	**3 (7,5)**	**14 (35,0)**	**17 (42,5)**	**6 (15,0)**

n = Stichprobenumfang, % = prozentualer Anteil

Tabelle 1: Schulbildung der Teilnehmer
Quelle: eigene Untersuchung und Darstellung.

Die Erhebung wurde ohne Vorgabe einer speziellen Unternehmensbranche durchgeführt. Die meisten Teilnehmer sind in der Fertigungsindustrie (30%) und im Handel (27,5%) beschäftigt. Zudem verteilen sich 25% auf die Branchen Dienstleistung, Energieversorgung, Telekommunikation sowie öffentlicher Sektor. Die relevante Zielgruppe von mittleren und großen Unternehmen mit mehr als 250 Mitarbeitern konnte mit 95,5% abgedeckt werden. Demnach sind 25% der Teilnehmer in Unternehmen mit 250 bis 5.000 Mitarbeitern und

72,5% der Teilnehmer in Unternehmen mit mehr als 5.000 Mitarbeitern beschäftigt. Lediglich ein Teilnehmer arbeitet in einem Unternehmen mit weniger als 250 Mitarbeitern.

Die Fachbereichsgröße der teilnehmenden Personen ist abhängig von der Unternehmensgröße (vgl. Abbildung 8). In Unternehmen mit mehr als 5.000 Mitarbeitern umfasst die Fachbereichsgröße mehr als 25 Mitarbeiter (59%). 31% der Teilnehmer arbeiten in Abteilungen mit fünf bis 15 Mitarbeitern. Bei den Unternehmen mit zwischen 250 und 5.000 Mitarbeitern sind 60% der Teilnehmer in einer Fachabteilung mit fünf bis 15 Mitarbeitern beschäftigt. Lediglich 30% arbeiten hier mit mehr als 25 Mitarbeitern in einem Team. Die Fachbereichsgrößen der Teilnehmer aus dem Fachbereich Finanzen und Controlling ergeben ein ähnliches Bild. Hier sind 50% der Teilnehmer in Abteilungen mit mehr als 25 Mitarbeitern und 39,3% der Teilnehmer in einem Team von fünf bis 15 Mitarbeitern. Insgesamt betrachtet arbeiten demnach 20 Teilnehmer in einem Fachbereich mit mehr als 25 Mitarbeitern.

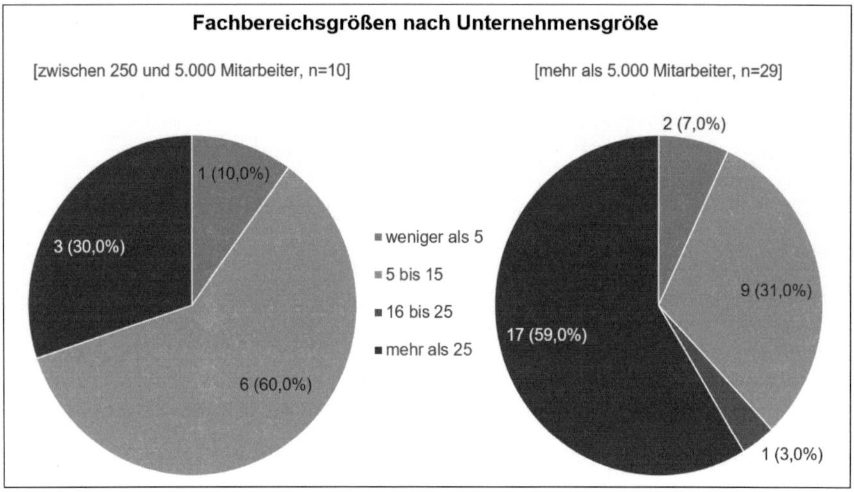

Abbildung 8: Anteil der Fachbereichsgrößen nach Unternehmensgröße
Quelle: eigene Untersuchung und Darstellung.

3.2.2 Auswahl der Erhebungsmethode

Die Auswahl einer geeigneten Erhebungsmethode ist maßgebend für die Durchführung der Untersuchung und die Beantwortung der Forschungsfrage. Es existiert eine Vielfalt an

Methoden zur Datenerhebung, die unterschiedliche Forschungsperspektiven und -ziele widerspiegeln und die Gewinnung von verschiedensten Arten von Daten ermöglichen. Dabei verfolgen alle Erhebungsmethoden das Ziel, die gewünschten Daten auf möglichst angemessene Weise zu erschließen. Ferner soll die gewählte Methode der Datenerhebung eine möglichst gute Operationalisierung der Untersuchung zulassen.[182]
Zu Beginn des Auswahlprozesses werde zwischen einer Primär- und einer Sekundärforschung unterschieden. Bei einer Sekundärforschung wird auf bereits erhobene Datenbestände zurückgegriffen. Mit diesem Weg lassen sich Zeit und Kosten sparen, vorausgesetzt mit dem vorliegenden Datenmaterial kann die Forschungsfrage beantwortet bzw. eine bestimmte Theorie getestet werden. Falls die verfügbaren sekundärstatistischen Daten für ein bestimmtes Forschungsvorhaben ungeeignet sind, müssen neue Daten über eine Primärforschung erhoben werden.[183] Für die vorliegende Forschungsfrage kann nicht auf Datenmaterial aus Sekundärquellen zurückgegriffen werden. Wie bereits im Verlauf der Arbeit erläutert, beziehen sich die durchgeführten Untersuchungen von Self-Service-BI auf eine unternehmerische Gesamtbetrachtung, ohne Fokus auf speziellen Abteilungen. Um Self-Service-BI im Controlling untersuchen zu können, müssen neue Daten mittels einer Methode der Primärforschung erhoben werden. Eine der gängigsten Erhebungsmethoden der Primärforschung ist die Befragung, die sich wiederum in die schriftliche und mündliche Befragung aufgliedern lässt. Darüber hinaus kommen in der Wissenschaft die Erhebungsmethoden Beobachtung und Experiment zum Einsatz, welche aber zur Beantwortung der vorliegenden Forschungsfrage nicht geeignet sind und deshalb nicht weiter betrachtet werden.[184]

Die schriftliche Befragung mittels Fragebogen ist eine der zentralen Erhebungsmethoden, um von Personen Informationen zu ihrer Einstellung bzw. ihren Einschätzungen zu definierten Themen oder auch Angaben zur eigenen Person zu erhalten. Die häufige Verwendung von Fragebogenerhebungen liegt zum einen daran, dass diese auch bei großen Stichproben ökonomisch sind und zum anderen auch daran, dass die befragten Personen bei einem hohen Maß an Anonymität die Gelegenheit zur Auskunftsgabe erhalten.[185] Porst definiert einen Fragebogen als „eine mehr oder weniger standardisierte Zusammenstel-

---

[182] Vgl. Aeppli, Jürg u. a. (2016), S. 163.
[183] Vgl. Kornmeier, Martin (2007), S. 153 ff.
[184] Vgl. Aeppli, Jürg u. a. (2016), S. 163.

lung von Fragen, die Personen zur Beantwortung vorgelegt werden“[186]. Das Ziel sei die Überprüfung der Fragen mit den zugrunde liegenden theoretischen Konzepten und Zusammenhängen durch die erhaltenen Antworten. Nach der Auffassung von Porst beinhaltet ein Fragebogen eine theoretisch begründete und systematisch präsentierte Auswahl von Fragen, mit denen das definierte Erkenntnisinteresse anhand der mit dem Fragebogen zu gewinnenden Daten empirisch geprüft werden kann.[187] Mit Hilfe einer schriftlichen Befragung können grundsätzlich von vielen Personen Auskünfte gesammelt werden. Die Befragten haben in ihrer gewohnten Umgebung ausreichend Zeit zur Beantwortung der Fragen und werden dabei nicht von anderen Personen beeinflusst. Da kein Interviewer benötigt wird, ist die Befragung leichter zu organisieren und es entstehen vergleichsweise geringe Kosten. Auf der anderen Seite handelt es sich bei einer schriftlichen Befragung um ein subjektives Messverfahren, bei dem tendenziell eher geringe Rücklaufquoten erzielt werden können. Darüber hinaus lässt sich nur schlecht eine Stichprobenkontrolle durchführen, wodurch nicht gewährleistet werden kann, dass der gewünschte Adressat selbst den Fragebogen ausfüllt. Ferner sinkt die Teilnahmebereitschaft der Auskunftspersonen bei längeren Fragebögen bzw. bei heiklen Fragen, z. B. zum Einkommen. Seit einiger Zeit gewinnt eine vergleichsweise innovative Form der schriftlichen Befragung eine größere Bedeutung: die sogenannte Internet- bzw. Online-Befragung.[188] Die Gründe für den Erfolg der Online-Erhebungsmethode sind neben dem kontinuierlichen Wachstum des Nutzerkreises des Internes und der Verfügbarkeit leistungsstarker Befragungssoftware besonders die zahlreichen Vorteile von Online-Untersuchungen. Vor allem die Ökonomie dieser Befragungsform erlaubt es, große Stichproben in kurzer Zeit zu erheben und bildet für viele Anwender das entscheidende Kriterium. Zudem erfreuen sich Online-Umfragen zumeist einer hohen Akzeptanz bei den Befragten. Im Vergleich zu klassischen Fragebögen werden Online-Untersuchungen vergleichbare oder sogar bessere Datenqualitäten zugesprochen, unter anderem aufgrund geringer Effekte sozialer Erwünschtheit, eines ehrlichen Antwortverhaltens oder einer hohen Anonymität. Dennoch bringt diese Form der Datenerhebung auch Nachteile mit sich. So sind beispielsweise Antworten auf Rückfragen nur asynchron und auf Initiative des Befragten möglich oder es entsteht ggf. Aufwand für die Einarbeitung in entsprechende Befragungssoftware. Des Weiteren sind Mehrfachteil-

[185] Vgl. Aeppli, Jürg u. a. (2016), S. 164.
[186] Porst, Rolf (2013), S. 16.
[187] Vgl. Porst, Rolf (2013), S. 16.

nahmen von Befragten technisch nur eingeschränkt kontrollierbar, die Identität der Befragten ist unklar und selektive Abbrüche durch die Befragten sind möglich. Nicht ganz auszuschließen sind auch technische Schwierigkeiten bei einzelnen Befragten, vor allem wenn diese veraltete Internetbrowser oder spezielle Anzeigegeräte nutzen.[189] Neben der schriftlichen Befragung und der internetgestützten Online-Befragung bildet die mündliche Befragung eine weitere Möglichkeit der Datenerhebung. Bei der mündlichen Befragung in Form eines wissenschaftlichen Interviews wird ein Gespräch geführt, in dem die befragende Person von einer oder mehreren Gesprächspersonen systematisch und gezielt Informationen in der Form direkter verbaler Antworten einholt. Entsprechend des zugrundeliegenden Leitfadens ist das Gespräch zu einem unterschiedlichen Grad strukturiert.[190] Einer der größten Vorteile von Interviews gegenüber der Erhebung mit Fragebögen ist die kontrollierbare Gesprächssituation. Der Interviewer kann gezielt auf die Gesprächsperson eingehen und so in der Regel die Auskunftsbereitschaft erhöhen. Beispielsweise kann der Interviewer psychologische Hemmschwellen oder Missverständnisse der Befragten im direkten Gespräch ausräumen. Die mündliche Befragung ist mit vergleichsweise hohen Kosten verbunden und erfordert tendenziell einen höheren Zeitaufwand, da Termine koordiniert werden müssen und die Gesprächspartner für das Interview häufig am gleichen Ort sein müssen. Zudem kann es bei einer mündlichen Befragung teils ungewollt zu Einflüssen des Interviewers auf die Gesprächsperson kommen, und damit zu sozial erwünschten Antworten.[191]

Unter Abwägung der Vor- und Nachteile der erläuterten Erhebungsmethoden wurde sich unter Berücksichtigung der vorliegenden Forschungsfrage für die Online-Befragung entschieden. Diese erfordert einen geringeren Zeitaufwand bei der Durchführung und bietet den Teilnehmern die größte Anonymität bei der Beantwortung der Fragen. Zudem kann eine größere Teilnehmeranzahl durch eine unkomplizierte Verteilung der elektronischen Umfrage per E-Mail-Einladung erreicht werden. Das Risiko von Stichprobenfehlern, beispielsweise durch Mehrfachteilnahmen oder Abbrüche während der Teilnahme, wird dabei grundsätzlich hingenommen und kann durch die Auswahl einer geeigneten Befragungssoftware reduziert werden. Darüber hinaus können die erhobenen Daten direkt elektro-

---

[188] Vgl. Kornmeier, Martin (2007), S. 164.
[189] Vgl. Thielsch, Meinald T. / Weltzin, Simone (2012), S. 109 ff.
[190] Vgl. Aeppli, Jürg u. a. (2016), S. 177 f.

nisch eingesehen und ausgewertet werden, was die Durchführungskontrolle vereinfacht. Der zu definierende Fragebogen soll hierbei nach dem quantitativen Forschungsansatz aufgebaut werden und demnach Fragen beinhalten, deren Antworten aus Zahlen bestehen oder in Zahlen transformiert werden können.[192]

3.2.3 Gestaltung des Fragebogens

Bei der Gestaltung des Fragebogens muss neben der Formulierung präziser Fragen auch auf den Aufbau, die Einführung und Instruktion, auf den Umfang und die grafische Gestaltung geachtet werden. Die Formulierung der Fragen, die Reihenfolge und sogar die Farbgestaltung im Fragebogen haben nachweislich Einfluss auf das Antwortverhalten der Befragungsteilnehmer und sollen daher bewusst eingesetzt werden.[193] Nachfolgend wird deshalb auf den Aufbau des Fragebogens, die gewählten Fragetypen und die Wahl des Antwortformats eingegangen.

Bevor mit der Gestaltung des Fragebogens begonnen werden kann, sollte mittels eingehender Literaturrecherche überprüft werden, ob eine vollständige Neukonstruktion des Fragebogens zweckmäßig ist. Je nach Frage, kann sich eine Übernahme aus vergleichbaren Studien als sinnvoll erweisen, insofern damit keine Urheberrechtsverletzungen verbunden sind.[194] Für die vorliegende Studie werden sowohl neue Fragen formuliert, um den Fokus von Self-Service-BI im Controlling zu berücksichtigen, als auch Fragen aus der BARC-Studie „Time is money“ von 2015 übernommen. Dieses Vorgehen bietet den Vorteil, die gewonnenen Informationen dieser Studie mit früher erhobenen Daten aus anderen Studien bei der Ergebnisauswertung miteinander vergleichen zu können.[195] Darüber hinaus können die Ergebnisse beider Studien untersucht und getroffene Aussagen verifiziert bzw. falsifiziert werden.

Bei der Konstruktion von Fragebögen ist entscheidend, dass nicht direkt die konkreten Fragen formuliert, sondern zuerst die relevanten Themen identifiziert werden. Zu Beginn der Fragebogengestaltung müssen deshalb geeignete Themenbereiche aufgestellt wer-

[191] Vgl. Kornmeier, Martin (2007), S. 167.
[192] Vgl. Aeppli, Jürg u. a. (2016), S. 113 f.
[193] Vgl. Hollenberg, Stefan (2016), S. 11.
[194] Vgl. Hollenberg, Stefan (2016), S. 11.
[195] Vgl. Hollenberg, Stefan (2016), S. 11.

den, an denen sich der Aufbau des Fragebogens orientieren kann und für die anschließend Fragen formuliert werden können.[196] Die vorliegende Befragung mit dem Titel „Self-Service-BI im modernen Berichtswesen" gliedert sich neben der Start- und Schlussseite in die vier Themenbereiche Status Quo, Self-Service-BI, persönliche Beurteilungen sowie Angaben zum Unternehmen und zur Person (vgl. Abbildung 9).

Abbildung 9: Aufbau des Fragebogens
Quelle: eigene Darstellung.

Bei der Erstellung der Startseite wurde darauf geachtet, dass der Instruktionstext möglichst kurz und verständlich formuliert ist und die Startseite die Befragungsteilnehmer über zentrale Aspekte, wie das Thema und das Ziel der Befragung, informiert. Ferner erhält der Teilnehmer Hinweise zur Dauer der Befragung, zur Anonymität und zum Datenschutz sowie Informationen zum Ansprechpartner bei Rückfragen.[197]

Die eigentliche Befragung beginnt mit der Erhebung der aktuellen Situation der Teilnehmer, in der sich die Fragestellungen mit dem Berichtswesen und den eingesetzten BI-Systemen in den Unternehmen auseinandersetzen. Hier liegt unter anderem ein Fokus auf

[196] Vgl. Aeppli, Jürg u. a. (2016), S. 166 f.

der Anpassungsdauer und den Bereitstellungszeiten bei neuen Berichtsanforderungen aus dem Fachbereich. Darüber hinaus soll erhoben werden, welche BI-Produkte derzeit eingesetzt und wie häufig diese im Berufsalltag verwendet werden. Im zweiten Themenbereich wird das Forschungsthema Self-Service-BI über Einstiegsfragen eingeleitet und der Wissensstand der Teilnehmer überprüft. Um einen einheitlichen Wissensstand aller Teilnehmer für den weiteren Verlauf der Befragung aufzubauen, wird anschließend eine zentrale Definition von Self-Service-BI durch den Autor vorgegeben. Darauf aufbauend werden weiterführende Fragen zum Bereich Self-Service-BI gestellt. Nachfolgend erfolgen persönliche Beurteilungen der Teilnehmer zum Berichtswesen und zu SSBI, um eine ganzheitliche Sicht zu erlangen. Im Anschluss an die persönlichen Beurteilungen folgen Angaben zum Unternehmen und zur Person, bevor abschließend über die Schlussseite die Befragung beendet werden kann. Beim Aufbau des Fragebogens wurde auf die vermutlich abnehmende Bereitschaft und Aufmerksamkeit der Teilnehmer bei einer Befragung Rücksicht genommen. Die Motivation der Teilnehmer sinkt mit zunehmender Befragungsdauer. Deshalb werden zu Beginn Fragen zu bekannten Themen aus dem eigenen Unternehmen gestellt, bevor anschließend auf das möglicherweise unbekannte Thema Self-Service-BI eingegangen wird. Erst abschließend werden Angaben zum Unternehmen und zur Person vom Teilnehmer erfragt.

Da in der Befragung die Teilnehmer nicht nur Fragen beantworten müssen, sondern auch Aussagen und Behauptungen beurteilen müssen, ist der Begriff „Frage“ zum Teil irreführend oder gänzlich unangebracht. Deshalb wird häufig von Items gesprochen, die Einzelbestandteile eines Fragebogens darstellen und zu denen die Befragten ihre Einschätzungen abgeben sollen. Wenn nachfolgend von Fragen die Rede ist, gilt es zu berücksichtigen, dass damit sämtliche Items gemeint sind.[198]

Bei der Wahl des Frageformats können grundsätzlich zwei verschiedene Typen von Fragen unterschiedenen werden: offene und geschlossene Fragen. Offene Fragen sollten bei einer Online-Befragung nur in begrenzten Umfang eingesetzt oder zumindest erst am Befragungsende gestellt werden. Die Erfahrungen zeigen, dass dieser Fragetyp die Motivati-

[197] Vgl. Thielsch, Meinald T. / Weltzin, Simone (2012), S. 113.
[198] Vgl. Aeppli, Jürg u. a. (2016), S. 167.

on der Teilnehmer senkt und zu höheren Abbruchquoten führt.[199] Darüber hinaus werden bei offenen Fragen keine Antwortkategorien vorgegeben, was meist eine höhere kognitive Eigenleistung der befragten Person erfordert. Auf der anderen Seite sind die befragten Personen in Inhalt und Wortlaut ihrer Antwort frei, wodurch auch Aspekte benannt werden können, an die vorher nicht gedacht wurde. Zudem ist die Auswertung für eine quantitative Untersuchung deutlich aufwendiger, weshalb offene Fragen als Fragetyp nicht in Betracht gezogen wurden. Geschlossene Fragen sind dagegen meist einfach statistisch auszuwerten, bergen aber auch die Gefahr, dass wesentliche Informationen fehlen bzw. durch die befragten Personen nicht benannt werden. Bei geschlossenen Fragen wird eine begrenzte Anzahl möglicher Antwortkategorien vorgegeben. In der einfachsten Form gibt es nur zwei Kategorien, z. B. Ja und Nein. In komplexer Form sind auch mehrere Antworten in Form von Mehrfachnennungen möglich. Bei der Wahl der Antwortkategorien muss bei diesem Frageformat auf die Reihenfolge der Antworten geachtet werden, da befragte Personen häufig dazu tendieren, die zuerst präsentierte Kategorie (Primacy-Effekt) bzw. die zuletzt präsentierte Antwortmöglichkeit (Recency-Effekt) auszuwählen. Gerade bei Skalen, die in einer Zeile dargestellt werden, wird oft die erste passende Kategorie, also meist die weiter links liegende Antwortmöglichkeit gewählt. Um die Vorteile geschlossener und offener Fragen zu verbinden und deren Nachteile auszugleichen, können halboffene Fragen verwendet werden. In der einfachsten Variante wird dabei an ein geschlossenes Antwortformat eine Restkategorie (z. B. „Sonstiges“) in Verbindung mit einem Freitext angefügt.[200] In Abbildung 10 wird exemplarisch eine halboffene Frage aus dem Fragebogen dargestellt, die Mehrfachauswahl zulässt und den befragten Personen ein Freitextfeld für weitere Antwortmöglichkeiten bietet. Der vollständige Fragebogen kann zusätzlich in Anhang 6 eingesehen werden.

[199] Vgl. Thielsch, Meinald T. / Weltzin, Simone (2012), S. 114.
[200] Vgl. Hollenberg, Stefan (2016), S. 12 f.

3.4) Mit welchen der folgenden Merkmale würden Sie Self-Service-BI charakterisieren?

Mehrfachauswahl möglich

☐ Erstellung von individuellen Analysen zur persönlichen Nutzung	☐ Monitoring der Datenqualität
☐ Erstellung von Berichten für andere Fachanwender	☐ Monitoring und Steuerung des Datenimports
☐ Selbstständiger Zugriff auf bestehende Berichte	☐ Erstellung und Modifikation von Datenmodellen
☐ Manueller Zugriff auf Datenquellen	☐ Manuelle Datenbereinigung oder -aufbereitung
☐ ________	

Abbildung 10: Beispiel eines halbgeschlossenen Items mit Mehrfachauswahl
Quelle: eigene Untersuchung.

Bei der Wahl eines Antwortformats in geschlossenen Fragen sind verbale Antwortvorgaben meist den numerischen Antwortvorgaben vorzuziehen. Bei Antwortvorgaben handelt es sich um sogenannte Skalen, d. h. sprachliche Abstufungen, die man zur Beantwortung einer Frage in einem Fragebogen vorgibt.[201] Bei der Konstruktion jedes Items muss entschieden werden, wie viele Skalenpunkte die Antwortskala haben soll. Wird beispielsweise eine ungerade Zahl von miteinander in Beziehung stehenden Antwortmöglichkeiten vorgegeben, zeigen befragte Personen häufig eine „Tendenz zur Mitte“, insbesondere im späteren Verlauf der Befragung. Da dadurch zu befürchten ist, dass dies die Aussagekraft des Items schmälert, wird eine gerade Anzahl von Antwortmöglichkeiten im vorliegenden Fragebogen vorgegeben. Dies zwingt die Teilnehmer sich zumindest für eine Richtung zu entscheiden. Bei diesem Vorgehen ist es ratsam, den befragten Personen eine Ausweichmöglichkeit wie beispielsweise „keine Angabe“ oder „weiß nicht“ anzubieten.[202] Für eine Übersicht der verwendeten Fragen werden in der Tabelle 2 die verwendeten Typen von geschlossenen Fragen und jeweils ein dazugehöriges Item-Beispiel mit Antwortvorgaben aufgeführt.

---

[201] Vgl. Aeppli, Jürg u. a. (2016), S. 169 ff.
[202] Vgl. Hollenberg, Stefan (2016), S. 14 f.

Fragetyp	Item-Beispiel	Beispiel der Antwortvorgaben
Single Choice	Haben Sie bereits im Vorfeld dieser Umfrage von Self-Service-BI gehört?	a) Ja b) Nein
Multiple Choice	Welche Vorteile bzw. welchen Nutzen sehen Sie durch den Einsatz von Self-Service-BI?	a) Effizienzsteigerung b) Entlastung der IT/EDV/BI c) Individuelle Analysen und Reports d) Kosteneinsparungen e) Schnelle Reaktionszeiten
Rating-Skala	Für wie wahrscheinlich halten Sie das Eintreten folgender Risiken?	sehr unwahrscheinlich (1) unwahrscheinlich (2) wahrscheinlich (3) sehr wahrscheinlich (4) keine Angabe
Wahlmatrix	Wie treffen Sie Ihre Entscheidungen überwiegend?	datenbasiert |----------------| Erfahrungen

Tabelle 2: Eingesetzte Fragetypen mit Item-Beispiel und Antwortvorgaben
Quelle: in Anlehnung an Aeppli, Jürg u. a. (2016), S. 169 f.

Da die Teilnahme an der Online-Befragung freiwillig ist, wurde auf Pflichtangaben mit einer Ausnahme verzichtet. Einzig bei den Angaben zur Person muss ein Fachbereich ausgewählt werden, damit bei der Auswertung eine differenzierte Unterscheidung der einzelnen Zielgruppen durchgeführt werden kann.

3.2.4 Durchführung der Befragung

Die Durchführung der Befragung begann mit der Umsetzung des Fragebogens mit Hilfe des Online-Befragungstools „Umfrage Online". Das Umfrage-Tool bietet im Rahmen einer studentischen Mitgliedschaft eine Vielzahl an Funktionalitäten. Unter anderem kann ein eigenes Layout erstellt werden, das durch Bilder oder Logos zusätzlich individualisierbar ist. Zudem bietet das Umfrage-Tool neben einer benutzerdefinierten URL mit verschlüsselter Verbindung eine automatische Online-Auswertung für quantitative Forschungen. Damit Abbrüche während der Befragung vermieden werden, können Teilnehmer die Befragung jederzeit unterbrechen und zu einem späteren Zeitpunkt an der gespeicherten Stelle fortführen. Des Weiteren wird jedem Teilnehmer eine Antwort-ID zugeordnet. Dies soll Mehrfachteilnahmen verhindern und eine bessere Durchführungskontrolle gewährleisten.[203] Nach Thielsch sollte bei einer Online-Befragung versucht werden, eine möglichst hohe Benutzerfreundlichkeit der Befragung zu erreichen, was mit „Umfrage Online" zweifelsfrei erfolgte. Ferner sollte von den Befragten nicht verlangt werden, dass für die Teilnahme zusätzliche Software installiert oder ein bestimmter Webbrowser verwendet werden muss.[204] Die Teilnahme an der Befragung wurde deshalb auf allen gängigen Webbrowsern und mit mobilen Endgeräten wie Smartphones und Tablets ermöglicht.

Nach der Fertigstellung des Fragebogens im Umfrage-Tool wurde eine Pilotierung durchgeführt, bei der überprüft wurde, ob die wesentlichen Regeln bei der Erstellung des Fragebogens eingehalten wurden. Dazu wurde der Online-Fragebogen einigen Zielpersonen zum Probe-Ausfüllen vorgelegt und die Zielpersonen wurden anschließend zu den Items befragt. Dieses Vorgehen half, etwaige Unklarheiten im Verständnis der Instruktion und der Items aufzuklären.[205] Im Anschluss an die Pilotierung wurde die Befragung am 12. Dezember 2016 veröffentlicht und mit dem Versand der Einladungen via E-Mail an die potenziellen Zielgruppen begonnen. Zusätzlich wurde in der ersten Woche ein Empfehlungsbeitrag auf der Plattform XING veröffentlicht (vgl. 3.2.1). Die Befragung stand den Teilnehmern sechs Wochen zur Verfügung und endete somit am 22. Januar 2017. Eine zusätzliche Auswertung musste nach Beendigung der Befragung aufgrund der quantitativen Auswertungsmöglichkeiten des Umfrage-Tools nicht mehr erfolgen. Exemplarisch können in Anhang 7 Auswertungen der Fragetypen Multiple Choice und Rating-Skala eingesehen werden.

3.3 Auswertung und Interpretation der Ergebnisse

Die Auswertung der Studie „Self-Service-BI im modernen Berichtswesen“ erfolgt auf Basis der erhobenen Daten und quantitativen Ergebnissen des verwendeten Umfrage-Tools. Dazu werden nachfolgend die Untersuchungsergebnisse des Autors im Hinblick auf die definierten Thesen und die übergeordnete Fragestellung bewertet sowie die Bedeutung der Ergebnisse für Theorie und Praxis diskutiert. Darüber hinaus werden vereinzelt Vergleiche mit anderen Studien zu diesem Thema vorgenommen, um die Thesen zu verifizieren bzw. zu falsifizieren. Eine detaillierte Aufstellung der Ergebnisse kann dem Anhang 8 entnommen werden.

---

[203] Vgl. o.V. / „Umfrage Online“ (2017), Online im Internet.
[204] Vgl. Thielsch, Meinald T. / Weltzin, Simone (2012), S. 114.
[205] Vgl. Aeppli, Jürg u. a. (2016), S. 173 f.

3.3.1 Status Quo

(T1) Das Standardberichtswesen mit traditioneller Rollenverteilung zwischen Controlling und IT ist den heutigen Anforderungen nicht mehr gewachsen und verursacht Informationsasymmetrien.

Das Standardberichtswesen stellt bis heute den Kerninhalt des betrieblichen Berichtswesens in vielen Unternehmen dar und ist in seiner Form, seinem Inhalt und seinem Zeitpunkt definiert. Dies zeigt auch die vorliegende Studie: 95% der befragten Personen aus Controlling, IT und Management gaben an, dass Daten über Standardberichte ausgewertet werden. Dafür werden vor allem Finanzdaten wie Kennzahlen der Gewinn- und Verlustrechnung (19,8%), Kennzahlen der Kapitalflussrechnung (12,4%) oder Bilanzkennzahlen (11,9%) analysiert. Aber auch Vertriebs- und Personaldaten stehen im Fokus des Controllings. Die Analysezeitpunkte sind bei Unternehmen mit mehr als 250 Mitarbeitern identisch. Demnach berichten die Fachabteilungen ihre Daten vorwiegend monatlich (30,7%), aber auch täglich (19,8%), wöchentlich und quartalsweise (jeweils 15,8%) sowie jährlich (11,9%). Für die Datenauswertung setzen die Unternehmen auf BI-Werkzeuge der Branchenführer: Demzufolge kommen überwiegend BI-Produkte von Microsoft (31,6%), Oracle (25,8%) und SAP (18,1%) zum Einsatz. Das am meisten eingesetzte BI-Produkt ist nach Angaben der Befragten Microsoft Excel. 35 von 40 Personen gaben an, dass das Tabellenkalkulationsprogramm als BI-Produkt im Unternehmen eingesetzt wird. Die Nutzung der BI-Produkte erfolgt bei Unternehmen mit mehr als 5.000 Mitarbeitern zu 48,3% über zehn Mal pro Tag. Bei Unternehmen mit 250 bis 5.000 Mitarbeitern wird das BI-Produkt seltener über zehn Mal pro Tag eingesetzt (20%).

In der traditionellen Rollenverteilung definiert das Controlling die Anforderungen an das Standardberichtswesen und fordert die Berichte bei der IT-Abteilung an. Die IT ihrerseits verantwortet die notwendige technische Infrastruktur und ist verantwortlich für die Erstellung und Bereitstellung der Standardberichte. Zudem fungiert die IT als erster Ansprechpartner bei Änderungswünschen seitens des Controllings. Diese Rollenverteilung erfordert laut Angaben der Teilnehmer einen hohen Kommunikationsaufwand und ein einheitliches Verständnis, sowohl aus fachlicher als auch aus technischer Sicht. Aus dieser Konstellation heraus kann es immer wieder zu Störungen im Berichtswesen kommen, da beispielsweise Anforderungen von der IT aufgrund mangelnden Verständnisses nicht berücksichtigt bzw. fehlerhaft umgesetzt werden. Dies führt häufig zu Akzeptanzproblemen bei den Empfängern in den Fachbereichen. Ein weiteres Problem sind Anpassungen des Standardberichtswesens bei Anforderungsveränderungen, die zum Teil nicht situativ und flexibel durchgeführt werden können. Rund 47% der Befragten sind demnach unzufrieden mit der Individualisierbarkeit der Berichte. Doch das Bewusstsein innerhalb der Unternehmen verändert sich. Die überwiegende Mehrheit gibt als wichtigstes Ziel eine schnelle Bereitstellung von Informationen für die Entscheidungsfindung und für Analysezwecke an. Demnach sei der Zugriff auf erforderliche Daten und Informationen ohne Unterstützung der IT entscheidend, um bedarfsgerecht auf Anforderungen reagieren zu können. Die Unternehmen setzen deshalb schon jetzt auf Alternativen: Nach Angaben der Befragten werden neben Standardberichten auch Ad-hoc-Analysen eingesetzt sowie eigene Berichte mit Tabellenkalkulationsprogrammen erstellt.

Die Covestro AG als weltweit führender Werkstoffhersteller mit Sitz in Leverkusen (ehemals Bayer MaterialScience AG) ist noch einen Schritt weiter gegangen und hat das Standardberichtswesen zum Teil durch Self-Service-BI abgelöst. Den Controllern stehen verschiedene Portlets zur Verfügung, die sie beliebig zu einem Dashboard kombinieren können. „Ein Portlet ist eine Grafik, in der der Nutzer eine Kennzahl sieht“[206], erläutert Wolfgang Zellerhoff, Head of Global Accounting und Controlling der Covestro AG. Die Portlets werden von einem zentralen Team erstellt und anschließend durch das Controlling geprüft. Die Nutzer können die Portlets in einem Portlet Store auswählen. Zellerhoff sieht in diesem Vorgehen großes Potential, um die Finanzfunktion im Controlling zu verbessern. Für die Informationsnutzung bedeutet der Einsatz eines Standardberichtswesens, dass standardisierte Auswertungen dem persönlichen Informationsbedarf der Nutzer nicht gerecht werden.[207]

Anders als die Covestro AG halten die Teilnehmer der vorliegenden Studie die Verfügbarkeit von Standardberichte dennoch für wichtig (47,5%) und sogar für sehr wichtig (32,5%). Unabhängig von der Inflexibilität sei das Standardberichtswesen angemessen definiert und liefere eine zufriedenstellende Qualität, so die Befragten. Es lässt sich deshalb zusammenfassen, dass Standardberichte ihre Bedeutung weiterhin behalten werden, da mit ihnen der standardisierte Informationsbedarf im Management abgedeckt wird und eine

[206] Tretbar, Torben / Wiegmann, Leona (2013), S. 7.
[207] Vgl. Tretbar, Torben / Wiegmann, Leona (2013), S. 6 ff.

koordinierte Informationsversorgung erfolgt. Dennoch müssen neue Analysewege wie Self-Service-BI in die Berichterstattung integriert werden, um auf ständig wandelnde Anforderungen adäquat reagieren zu können. Nach Angaben aller Befragten haben mehr als 57% bereits im Vorfeld von Self-Service-BI als Alternative zum klassischen Berichtswesen gehört. Ein Interessanter Aspekt ist der Bekanntheitsgrad von SSBI bei den jüngeren Mitarbeitern zwischen 18 und 34 Jahren. Demnach kennen in dieser Altersgruppe nur 41,2% SSBI. In der Altersgruppe zwischen 45 und 59 Jahren haben dagegen 83,3% schon mal von SSBI gehört. Von den Teilnehmern setzen 43,6% bereits SSBI-Werkzeuge im Unternehmen oder in der Fachabteilung ein. Als wesentliches SSBI-Werkzeug wurde auch hier Microsoft Excel genannt, beispielsweise durch die Integration von Add-ons.

Der Annahme, dass das Standardberichtswesen Informationsasymmetrien verursache, kann nicht gefolgt werden. Gerade die regelmäßige und koordinierte Informationsversorgung durch Standardberichte verhindert die Verteilung unterschiedlicher Informationen im Unternehmen.

3.3.2 Funktionalität

(T2) Der Fokus von SSBI liegt auf der Erstellung und Durchführung von Ad-hoc-Analysen, um situativ Informationen zur Entscheidungsunterstützung zu generieren.

Im Gegensatz zum klassischen Berichtswesen ermöglicht Self-Service-BI nach der Definition von Eckerson dem Fachbereich mehr Eigenverantwortung und Möglichkeiten bei der Erstellung von Berichten und Analysen. Folgt man der Auffassung von Lachev, kann auch die Modellierung eines Datenmodells zum Funktionsumfang von Self-Service-BI gezählt werden (vgl. 2.4.1). Darüber hinaus kann eine Differenzierung nach weiteren Funktionsbausteinen von SSBI vorgenommen werden, bei der auch die Erzeugung von Ad-hoc-Analysen, die Integration externer Daten sowie die Verbesserung der Datenqualität zum Funktionsumfang von SSBI gehört. Dies können zum Teil auch die Ergebnisse der Studie bestätigen. Demnach nennen 84,2% der 38 Teilnehmer die Erstellung individueller Analysen zur persönlichen Nutzung als wesentliche Funktionalität von SSBI, was mit Ad-hoc-Analysen gleichzusetzen ist. Jeweils 50% der Befragten würde auch die Berichterstellung für andere Fachanwender oder den selbstständigen Zugriff auf bestehende Berichte mit SSBI in Verbindung bringen. Der Erstellung und Modifikation von Datenmodellen (26,3%), der Anbindung externer Daten (23,7%) und der Verbesserung der Datenqualität (18,4%)

werden dagegen eine geringere Bedeutung zugeordnet. Demnach lässt sich eine Tendenz zu Ad-hoc-Analysen als wesentliche Funktionalität feststellen. Dies wiederum kann auch mit den Angaben der Teilnehmer zu den Hauptgründen für die Einführung von SSBI bestätigt werden. 32 von 39 Befragten sehen permanente Anforderungsveränderungen und 20 von 39 Befragten einen langsamen oder nicht rechtzeitigen Zugriff auf erforderliche Informationen als wesentliche Gründe für den Einsatz von SSBI. Beide Argumente können als Nachteil der klassischen BI-Systeme verstanden und durch Ad-hoc-Analysen gelöst werden. Durch Ad-hoc-Analysen können Anwender flexibel und nach Bedarf Informationen aus einem definierten Datenmodell generieren. Des Weiteren halten 69,2% der Befragten die Erstellung eigener Analysen und Visualisierungen für sehr wichtig, 25,6% für wichtig und nur 5,1% für unwichtig. Es lässt sich daher schlussfolgern, dass der Fokus von SSBI auf der Erstellung und Durchführung von Ad-hoc-Analysen liegt. Dennoch sollten auch die anderen Funktionsbausteine von SSBI im Controlling berücksichtigt werden. Gerade der Aufbau eigener Datenmodellen kann weitere Erkenntnisse in komplexen Fragestellungen liefern oder die regelmäßige Kontrolle der Datenqualität das Vertrauen in das Berichtswesen erhöhen. Beide Themengebiete erfordern tendenziell mehr technisches Hintergrundwissen und Verständnis, weshalb diese vermutlich noch nicht in den Fokus der Anwender im Controlling gerückt sind. Auf die Frage hin, welche Analysefunktionalitäten den Teilnehmern für die Nutzung von SSBI wichtig erscheinen, entschieden sich 70% für verschiedene Detailtiefen (z. B. über Drill-down), 57,5% für Abweichungsanalysen, 47,5% für die Erstellung eigener KPIs und 43,6% für die Pivotierung. Des Weiteren wünschen sich die Befragten Summenbildung, Simulation und interaktive Visualisierung, die als zusätzliche Funktionen die Analyse unterstützen.

Ein differenziertes Bild geben die Teilnehmer zu den eigenen Qualifikationen hinsichtlich möglicher SSBI-Funktionen ab. Von den 32 Befragten, die Ad-hoc-Analysen als Hauptfunktionalität eingestuft haben, fühlen sich 78,1% auch dazu qualifiziert. Lediglich 21,9% trauen sich eher zu, mit individuellen Analysen zu arbeiten. Obwohl Ad-hoc-Analysen als eine der zentralen Funktionalitäten bei Self-Service-BI gesehen werden, traut sich die Mehrheit der Befragten auch die Erstellung von Datenmodellen oder das Monitoring der Datenqualität zu. Dazu zählen auch Befragte, die eine betriebswirtschaftliche Ausbildung bzw. ein dahingehendes Studium absolviert haben. Dieses Ergebnis zeigt, dass sich der Fachbereich auch den technischen Anforderungen von SSBI gewachsen fühlt und dies nicht allein den Grund für die hohe Bedeutung von Ad-hoc-Analysen darstellt. Vielmehr kann dies als eine bewusste Entscheidung interpretiert werden, da individuelle Analysen den Controllern die Möglichkeit bieten, flexibel auf Ereignisse reagieren und zeitnah das Management mit relevanten Informationen versorgen zu können. Somit trägt die Ad-hoc-Analyse als eine der zentralen Funktionalitäten von SSBI zur Umsetzung der Business-Partner-Rolle des Controllings bei. Allerdings sollte keine pauschale Aussage über die Nutzungsarten von SSBI ohne die Berücksichtigung der Nutzergruppen erfolgen. Der Informationskonsument legt seinen Fokus vermutlich auf bestehende Berichte, die er zur Informationsgewinnung nutzt. Dagegen legt der Analyst legt mehr Wert auf individuelle Berichte und möchte situativ auf Anforderungen reagieren. Die Spezialisten kümmern sich um die Datenqualität und den Aufbau geeigneter Datenmodelle, die die Geschäftsprozesse im Unternehmen abbilden. Den Controllern lassen sich daher die Nutzerrollen des Informationskonsumenten und Analysten zuordnen. Für Letztere ist der Einsatz von Ad-hoc-Analysen unumgänglich.

3.3.3 Anpassungszeit und Bearbeitungsdauer

(T3) SSBI gewährleistet einen effizienten Zugang zu Informationen.

Ein Kernproblem bei der Informationsversorgung ist die Realisierung neuer Berichte bzw. Anpassung bestehender Berichten und deren rechtzeitige Bereitstellung für den Fachbereich. In einer traditionellen BI-Organisation trägt die IT die Verantwortung für die Umsetzung der Fachbereichsanforderungen. Gerade kurzfristige Anforderungen können nur selten zeitnah von der IT umgesetzt werden (vgl. Abbildung 11). Laut den Studienteilnehmern dauert die Neuentwicklung von Berichten durchschnittlich bis zu einem Monat (15,4%) und in Ausnahmefällen sogar länger als einen Monat (5%). Die Mehrheit aber wartet maximal eine Woche (23,1%) oder im besten Fall einen Arbeitstag mit bis zu acht Stunden (25,6%) auf neue Berichte. Dies deckt sich auch mit den Erhebungen der BARC-Studie „Time is money“ aus dem Jahr 2015. Hier gaben jeweils knapp ein Drittel der 241 Befragten an, bis zu einem Tag (29%) und bis zu einer Woche (28%) auf die Bereitstellung neuer Berichte zu warten. Und auch hier müssen sich die Berichtsempfänger teilweise bis zu einem Monat gedulden (10%), bis neue Berichte zur Verfügung stehen. [208]

---

[208] Vgl. Bitterer, Andreas / Mack, Melanie (2015), S. 14.

Doch nicht nur bei der Erstellung neuer Berichte ist das Controlling abhängig von der Umsetzungsgeschwindigkeit der IT. Bei Anpassungen, die beispielsweise nach Durchführung einer Testphase oder während einer täglichen Analyse erforderlich sind, wartet nach Angaben der Befragten mehr als die Hälfte bis zu 24 Stunden (51,3%). Von den restlichen 48,7% die länger als 24 Stunden auf Anpassungen warten, benötigt die IT meist bis zu einer Woche (57,9%). Die Tendenz durchschnittlicher Anpassungszeiten von bis zu einem Tag konnte auch die BARC 2015 bestätigen. Demnach werden Anpassungen bei 76% der Befragten innerhalb von 24 Stunden umgesetzt. Davon seien sogar 27% der Anpassungen in maximal einer Stunde durchgeführt. Von den restlichen Teilnehmern stufen 16% die Dauer der Anpassungen auf bis zu einer Woche ein.[209]

Gerade bei einem immer kürzer werdenden Zeitfenster von der Datenvalidierung über die Datenanalyse bis hin zur Managemententscheidung, sieht sich das Controlling einer steigenden Drucksituation ausgesetzt. Demzufolge tragen Verzögerungen bei der Anpassung und Bearbeitung von Berichten nicht dazu bei, dass das Controlling als Business-Partner der Führungsebenen agieren kann. Eine verzögerte Bereitstellung ist somit aus vielerlei Hinsicht problematisch, wie die Ergebnisse der Studie bestätigen: Demnach sind 62,5% der befragten Personen der Meinung, dass eine verzögerte Bereitstellung der Informationen hauptsächlich durch mangelnde Ressourcen in der IT entsteht. Zusätzlich sind unklare Anforderungsdefinitionen (52,5%) oder die Komplexität der Anforderungen (32,5%) ursächlich für Verzögerungen. Besonders eine zeitintensive Kommunikation zwischen Fachbereich und IT sehen viele Teilnehmer (47,5%) kritisch, da es hierbei zu Kommunikationsstörungen und Fehlinterpretationen kommen kann. Knapp 35% sehen das Problem im BI-Werkzeug selbst, da dieses zum Teil zu unflexibel sei. Berücksichtigt man bei den Angaben der Teilnehmer zu den Ursachen für die verzögerte Bereitstellung von Berichten nur die Hauptzielgruppe des Controllings, lässt sich eine nahezu identische Aufteilung feststellen. Allerdings sind die Angaben der befragten Personen aus dem Controlling in Bezug auf die Service-Bereitschaft der IT-Abteilung kontrovers. Demnach sehen nur 10,7% eine fehlende Bereitschaft seitens der IT, Anforderungen bzw. Änderungen umzusetzen. Andererseits sind sich die Controller einig, dass fehlende Qualifikationen bei den IT-Mitarbeitern nicht zu den Verzögerungen beitragen. Anders als angenommen werden kann, sind aus

[209] Vgl. Bitterer, Andreas / Mack, Melanie (2015), S. 13.

Sicht der Befragten Kostenträger- und Kostenverteilungsdiskussionen keine bedeutenden Gründe. Mit diesen Ergebnissen lässt sich daher schlussfolgern, dass das Controlling nicht den Eindruck hat, dass die IT eine zeitnahe Realisierung blockiere. Vielmehr sind prozessuale und kommunikative Störungen die Ursache für Verzögerungen, die letztendlich zu hohen Anpassungszeiten führen. Dies unterstützen die Angaben der Teilnehmer auf die Frage hin, wie sie die Flexibilität des Entwicklungs- und Anpassungsprozesses in ihrem eigenen Unternehmens beurteilen.

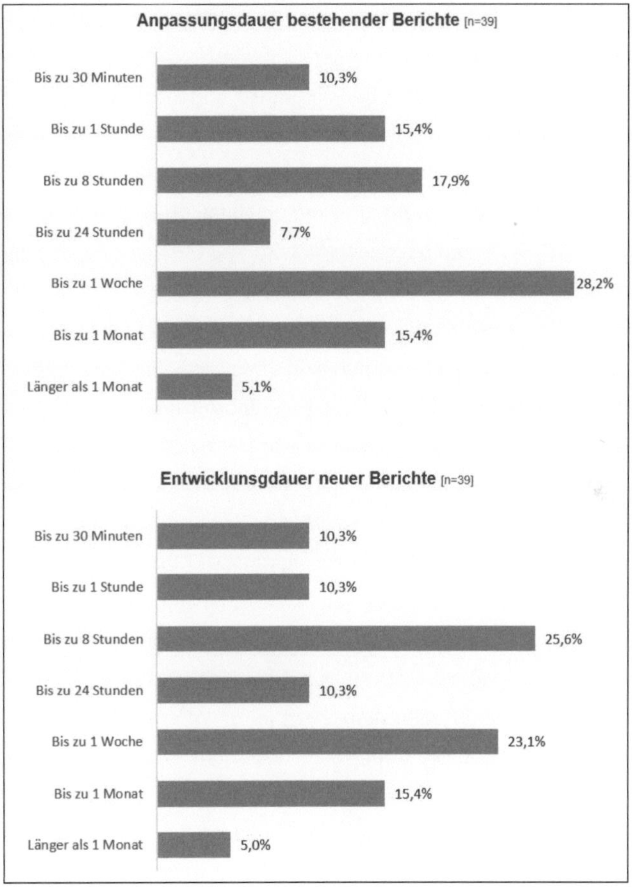

Abbildung 11: Anpassungs- und Entwicklungsdauer von Berichten
Quelle: eigene Untersuchung und Darstellung.

Bei einer Skala von 1 „trifft nicht zu“ bis 4 „trifft voll zu“ beurteilt im Durchschnitt nur knapp die Mehrheit mit 2,6 Punkten, dass die Prozesse tendenziell flexibel sind. Das Resultat langer Wartezeiten sind Entscheidungen, die nicht auf einer adäquaten Datenbasis getroffen werden können. Rund ein Viertel der Entscheidungen beruht deshalb bereits jetzt auf Erfahrungen oder Branchenkenntnissen, weil wichtige Informationen nicht oder verspätetet vorliegen. Im schlimmsten Fall werden dem Management sogar falsche Informationen vorgelegt, was verheerende Folgen haben kann.

Self-Service-BI kann Abhilfe schaffen und zur Verbesserung und Optimierung der Reaktionsgeschwindigkeiten beitragen. Beispielsweise kann der Fachbereich die eigenen Änderungswünsche selbstständig durchführen, in dem Berichte direkt angepasst oder für die Prüfung unklarer Sachverhalte neue Berichte mit einem SSBI-Werkzeug entwickelt werden. Daraus resultierend kann der Anpassungs- bzw. Bearbeitungsprozess deutlich verkürzt und muss vor allem nicht mehr abteilungsübergreifend durchgeführt werden. Gerade bei einer täglichen Nutzung von BI-Systemen über zehn Mal pro Tag (40% der Befragten), bieten Ad-hoc-Analysen enormes Potential für mehr Flexibilität und Effizienz. Das bestätigen auch die Teilnehmer der vorliegenden Studie, die mehrheitlich der Meinung sind, dass Ad-hoc-Analysen flexibel einsetzbar und jederzeit durchzuführen sind. Für eine Anpassung der Geschäftsprozesse muss ein Umdenken bei den verantwortlichen Personen im Unternehmen erfolgen. Demnach muss dem Controlling mehr Vertrauen ausgesprochen werden, dass dieses die technischen Herausforderungen bewältigen und mit mehr Verantwortung umgehen kann. Die Befragten sind mehrheitlich der Meinung, dass Fachabteilungen mehr Kompetenz und Verantwortung aufbauen sollen, um die IT zu entlasten. Aber auch das Controlling selbst muss die Bereitschaft zeigen, sich die nötigen Kenntnisse anzueignen, damit die eigenen fachlichen Anforderungen in technische Zusammenhänge übersetzt werden können. Nur dann und mit Unterstützung der IT kann das zweifelsfrei vorhandene Potential von SSBI für einen effizienten Zugang zu Informationen ausgeschöpft werden und positiv zur neuen Rolle des Controllings beitragen.

3.3.4 Einbindung externer Daten

(T4) Die eigenständige Integration externer Daten in ein BI-System kann das Analyseergebnis verbessern.

Laut der bereits genannten BARC-Studie „Time is money“ von 2015 haben nur 11% der befragten Personen tatsächlich Zugriff auf alle Datenquellen. Als Quelle für ihre BI-Systeme nutzen mehr als die Hälfte der Befragten vorrangig interne Daten, da diese häufig bereits gesammelt, integriert, strukturiert und standardisiert sind. Deshalb ist es nicht verwunderlich, dass laut BARC besonders externe Daten im Controlling fehlen.[210] Dieser Meinung sind auch die Teilnehmer der vorliegenden Studie. Demnach fehlt momentan 47,4% der Befragten der Zugriff auf externe Daten, zu denen hauptsächlich Marktanalysen oder Wettbewerberdaten gezählt werden. Der Integration von Social-Media-Daten, die ebenfalls den externen Daten zugeordnet werden können, fällt dagegen eine geringe Bedeutung zu. Für gerade einmal 10,5% der Befragten würden Daten aus sozialen Medien das Analyseergebnis verbessern. Der Hauptgrund dafür sei laut der Studie „Analytics: Big Data in der Praxis“ von IBM und der Said Business School an der Universität Oxford das fehlende Wissen in den Unternehmen. Demnach mangelt es bei 25% der Befragten an den Fähigkeiten, aus unstrukturierten Inhalten wie Beiträgen, Sprache und Videos relevante Informationen abzuleiten.[211]

Grundsätzlich sind 77,5% der Teilnehmer nicht der Ansicht, dass zusätzliche Daten schnell und einfach integriert werden können. Dennoch halten 55% der Befragten eine Integration von externen Daten für wichtig und 32,5% der Befragten für sehr wichtig. Beispielsweise könnten dadurch interne Daten mit tagesaktuellen Daten der Wettbewerber verglichen werden. Viele SSBI-Werkzeuge bieten dazu einen Datenimport an, mit dem Anwender ihre Daten hochladen und über Schlüssel in die Analysen integrieren können. So lassen sich auch Ist- mit Planwerten vergleichen, sollte die Planung in einem separaten Planungstool erfolgen. Des Weiteren kann vermieden werden, dass die Integration zusätzlicher Daten über die IT erfolgen muss und diese erst am nächsten Tag im System oder bei der Anbindung einer neuen Schnittstelle noch später zur Verfügung stehen.

---

[210] Vgl. Bitterer, Andreas / Mack, Melanie (2015), S. 10.

Auf der anderen Seite ist die Einbindung externer Daten über die Fachanwender mit Risiken verbunden. Durch eine unkontrollierte Datenintegration können fehlerhafte oder inkonsistente Daten in das System gelangen, wodurch falsche Informationen in den Berichten generiert werden. Darüber hinaus halten es 82,5% der Befragten für wahrscheinlich bzw. sehr wahrscheinlich, dass dadurch Informationen nicht mehr verglichen werden könnten, da keine einheitliche Daten- und Informationsbasis vorhanden sei. Als eine der technischen Grundvoraussetzungen für den Einsatz von SSBI ist deshalb die Bereitstellung einer geeigneten Infrastruktur zu sehen, für welche die IT-Abteilung die Verantwortung trägt. Hier kommt es vor allem darauf an, dass Data Governance in Form eines Rahmenwerkes zur Datenverwaltung und -änderung sowie zusätzlich als Überwachungsinstrument umgesetzt wird. Aus Sicht der IT sollte dabei das Ziel verfolgt werden, eine Dateninfrastruktur zu schaffen, die den Fachanwendern Flexibilität und Unabhängigkeit bietet. Damit geht einher, dass die IT ihrerseits die Verlagerung des Aufgabenbereiches akzeptiert und sich hauptsächlich um die Bereitstellung der Infrastruktur kümmert. Unter den genannten Voraussetzungen kann der Autor der These, dass die eigenständige Integration von externen Daten in ein BI-System das Analyseergebnis verbessern kann, folgen. Dennoch sind die Gefahren einer fehlenden Vergleichbarkeit und einer dezentralen Datenhaltung nicht zu unterschätzen und erfordern klare Regeln im Umgang mit externen Daten.

3.3.5 Datenqualität

(T5) SSBI ist ein technischer Transformationstreiber, der die Qualität der Berichterstattung verbessert.

Im Controlling spielt der Einsatz moderner BI-Systeme zur Erhebung, Komprimierung und Aufbereitung von betriebswirtschaftlich relevanter Steuerungsdaten eine wichtige Rolle. Dabei steigt und fällt der Nutzen bei der Informationsversorgung der Entscheidungsträger mit der Qualität der verarbeiteten Daten. Als einer der wesentlichen Faktoren im betrieblichen Berichtswesen kann somit die Datenqualität gesehen werden, die sich direkt auf die Informationsqualität auswirkt. Zur Sicherstellung der Datenqualität konnten sich nur wenige Ansätze zur Datenqualitätsmessung in den Unternehmen durchsetzen. In der Praxis

[211] Vgl. IBM (2012), S. 12.

werden die Daten deshalb häufig nur auf Vollständigkeit und Aktualität geprüft.[212] Unabhängig vom eingesetzten System ist die Prüfung und Verbesserung der Datenqualität eine Aufgabe der Fachanwender, da diese das benötigte Fachwissen haben, um aus den zugrundeliegenden Daten verschiedene Informationen generieren und Fehler entdecken zu können. Dabei haben die Fachanwender meistens nur indirekten Einfluss auf die Steuerung der Datenqualität, weil sie Anpassungen nicht selbstständig vornehmen dürfen. Self-Service-BI bietet neue technische Möglichkeiten zur Steuerung der Datenqualität, bei der die Daten vom Anwender direkt im SSBI-Werkzeug über von ihm aufgestellte Validierungsregeln geprüft und modifiziert werden können. Der Controller ist somit auch für die Datenkonsistenz verantwortlich und wird aktiv in die Data Governance eingebunden. Trotz der zuvor geschilderten Bedeutung sehen jeweils nur 18,4% der Befragten das Monitoring der Datenqualität und die manuelle Datenbereinigung als Funktionsbausteine von Self-Service-BI. Ein Grund für diese Haltung der Befragten könnte in der Aufgabenverantwortung liegen. Für viele Controller ist die Datenqualität eine Aufgabe der IT. Dieser einseitigen Auffassung folgt der Autor nicht, da nur eine enge Zusammenarbeit zwischen IT und Fachanwendern zu einer erfolgreichen Datenadministration führen kann. Beispielsweise stellt die Covestro AG neue Informationen ohne Verzögerung in ihrem SSBI-Tool bereit. Dafür wurden mit Unterstützung der IT automatische Plausibilitätsprüfungen der Rohdaten eingerichtet, bei denen das Controlling lediglich bei Auffälligkeiten informiert wird. Zudem können durch den freien Informationszugriff der Fachanwender jetzt auch viel mehr Datenfehler aufgedeckt und so die Datenqualität verbessert werden. Dabei helfen natürlich auch unterschiedliche Visualisierungstechniken, die der Controller im SSBI-Werkzeug selbstständig und je nach Bedarf auswählen kann.[213] Das Beispiel der Covestro AG zeigt, wie der Prozess zur Sicherstellung und Verbesserung der Datenqualität aufgebaut werden kann. Demnach ist SSBI als technischer Transformationstreiber nicht alleine für die Qualität der Berichterstattung verantwortlich. Zur Wahrung der Datenqualität müssen automatisierte Qualitätsprüfungen während des Datenimports durch die IT aufgebaut werden. Dank erweiterten Analysen mit SSBI kann der Controller mögliche Auffälligkeiten weitergehend untersuchen. Eine direkte Modifikation durch den Anwender ist dennoch als problematisch zu sehen, da hierbei ähnliche Risiken wie bei der Integration externer Daten entstehen können.

---

[212] Vgl. Heinrich, Bernd / Klier, Mathias (2009), S. 32.
[213] Vgl. Tretbar, Torben / Wiegmann, Leona (2013), S. 8.

3.3.6 Kommunikation

(T6) Je größer die Fachbereichsverantwortung bei der Erstellung und Verteilung von Berichten ist, desto zielführender ist die Kommunikation zwischen den jeweiligen Unternehmensbereichen.

Eines der großen Potentiale von Self-Service-BI stellt die Optimierung des Kommunikationsprozesses zwischen den Unternehmensbereichen dar. Wie bereits im Verlauf der Arbeit festgestellt wurde, kommt es gerade im abteilungsübergreifenden Kommunikationsprozess häufig zu Störungen, sowohl auf der syntaktischen und semantischen als auch auf der pragmatisch-zweckorientierten semiotischen Ebene. Beispielsweise treten Übermittlungsfehler oder Missverständnisse zwischen Berichtsersteller und -empfänger auf oder der Informationsbedarf der Empfänger wird nicht hinreichend abgedeckt. Das bestätigen auch die meisten der befragten Personen der vorliegenden Studie. Viele sehen in der zeitintensiven Kommunikation zwischen Fachbereich und IT die Ursache für auftretende Störungen (47,5%). Zudem kommt es gerade auf den semiotischen Ebenen zu Störungen, da der IT zur Umsetzung unklare oder unvollständige Anforderungsdefinitionen vorliegen, wie die Mehrheit der Befragten bestätigt. Trotz des Optimierungswunsches im Kommunikationsprozess sind nur 42,5% der Befragten mit der Zusammenarbeit zwischen der IT und dem Fachbereich tatsächlich unzufrieden. Der überwiegende Teil der Teilnehmer ist mit der Zusammenarbeit zufrieden (57,5%). Self-Service-BI kann zur Lösung der Kommunikationsprobleme beitragen, da der Fachabteilung mehr Kompetenz und Verantwortung übertragen wird. Der Berichtsersteller ist in diesem Fall auch gleichzeitig der Berichtsempfänger und kann seinen Informationsbedarf selbst festlegen und entsprechend abdecken, wodurch die IT entlastet werden kann. Dieser Ansicht sind auch 62,5% der Befragten, die mehr Kompetenz und Verantwortung im Controlling sehen. Mit der Kompetenzzunahme bei der Berichterstellung geht aber auch einher, dass mehr technisches Verständnis im Controlling aufgebaut werden muss. Ein fehlendes technisches Wissen ist bis heute einer der Gründe, weshalb die Hauptverantwortung für die Berichtsumsetzung in der IT liegt. Die neue Rolle der Controller als Business-Partner erfordert aber eine Verlagerung der Aufgaben. Ein Effizienzgewinn kann nur erzielt werden, wenn die Verantwortlichkeiten sinnvoll verteilt werden. So macht es beispielsweise Sinn, dass der Controller mit Hilfe eines SSBI-Werkzeuges seine Berichte selbst aufbaut, wodurch sämtliche Störungsrisiken im Kommunikationsprozess vermieden werden. Zudem kann der Gesamtprozess der Berichterstellung verkürzt und Berichte können zügiger bereitgestellt werden.

Das Praxisbeispiel der Covestro AG liefert auch hierfür ein anschauliches Beispiel. Auf die Frage hin, ob durch SSBI nun jeder Nutzer seine individuellen Berichte erstellen müsse, antwortete Wolfgang Zellerhoff, Head of Global Accounting und Controlling: „Auch wenn es relativ einfach ist, möchten wir aus Effizienzgründen nicht allen Nutzern zumuten, ihre eigenen Dashboards zusammenzustellen".[214] Die zuständigen Controller können mit dem SSBI-Werkzeug ihre eigenen Berichte erstellen und diese direkt für andere Nutzer freigeben. Andere Nutzer können dann den Bericht abonnieren, was die Kommunikation und Zusammenarbeit beispielsweise zwischen Management und Controlling fördert. Der Manager erhält dadurch automatisch die angepassten Berichte, ohne Rücksprache mit dem Controlling führen zu müssen. Aber auch im Fachbereich selbst kann es zu einem Effizienzgewinn bei der Analyse kommen. Die Controller können auf bereits erstellte Analysen der Kollegen zugreifen und diese je nach Bedarf erweitern bzw. anpassen.[215] Dieses Vorgehen spart Zeit, da Analysen nicht erneut erstellt werden müssen. Darüber hinaus führt es zu einer effizienteren Kommunikation, die sowohl intern als auch abteilungsübergreifend automatisiert und ohne großen Abstimmungsaufwand erfolgen kann. Aus den geschilderten Zusammenhängen lässt sich deshalb nicht ausschließen, dass der Umfang der Fachbereichsverantwortung direkte Auswirkungen auf eine zielführende Kommunikation zwischen den jeweiligen Unternehmensbereichen hat. Es wesentlicher Aspekt ist die Umsetzungsqualität, unabhängig von der Aufgabenverantwortung je Abteilung. Es kann zudem festgestellt werden, dass durch die Verlagerung der Kompetenzen in das Controlling die Störungen im Kommunikationsprozess des Berichtswesens vermieden werden können. SSBI stellt im Kontext der Berichterstattung demnach einen Haupttreiber dar, ist aber nicht alleine ausschlaggebend für die Optimierung der Kommunikation. In seiner Rolle als Business-Partner übernimmt das Controlling die Steuerung der Kommunikation und bindet die IT sowie das Management in den Erstellungsprozess des Berichtswesens ein. Das Controlling stellt damit ein Bindeglied zwischen den beteiligten Unternehmensbereichen dar und bündelt den Kommunikationsprozess. Dies wiederum sorgt dafür, dass die Verteilung über eine zentrale Stelle erfolgen und das Risiko von Informationsasymmetrien vermieden werden kann.

---

[214] Tretbar, Torben / Wiegmann, Leona (2013), S. 8.

[215] Vgl. Tretbar, Torben / Wiegmann, Leona (2013), S. 8.

3.3.7 Wahrnehmung und Akzeptanz

(T7) SSBI erhöht die Akzeptanz des Berichtswesens im Unternehmen.

Die Akzeptanz im Berichtswesen stellt die Bereitschaft eines Berichtsempfängers dar, einen Bericht anzuerkennen und diesen für die Informationsgewinnung zu nutzen. Bei einer vollumfänglichen Informationsversorgung der Empfänger im Berichtswesen kann somit davon ausgegangen werden, dass eine hohe Akzeptanz erzielt und ein optimales Berichtswesen erreicht werden kann. Die theoretische Auseinandersetzung mit den Verhaltenswirkungen der Informationsversorgung machte bereits deutlich, dass eine vollumfassende Zufriedenheit der Anwender und eine Störungsfreiheit im Berichtswesen fast ausgeschlossen sind. Dabei wird weniger die grundsätzliche Notwendigkeit einer modernen BI-Lösung zur effizienten Analyse, Auswertung und Visualisierung von Unternehmensdaten in Frage gestellt, sondern vielmehr die eigentliche Umsetzung von den Anwendern kritisch hinterfragt. Beispielsweise sind Berichte oftmals zu komplex, zu benutzerunfreundlich oder zu unflexibel. Das führt in der Regel zu Frustration und Akzeptanzverlust bei den Anwendern, da sie bei ihren täglichen Aufgaben nicht adäquat durch das BI-System unterstützt werden. Des Weiteren sinkt auch das Vertrauen in das BI-System und in die beteiligten Personen, wodurch es im schlechtesten Fall nicht mehr genutzt wird. An dieser Stelle setzt das Konzept von Self-Service-BI an. Nachfolgend werden die fachlichen, technischen und organisatorischen Anforderungen als Einflussgrößen auf die Akzeptanz des Berichtswesens im Unternehmen unter Berücksichtigung der Studienergebnisse erläutert (vgl. Abbildung 12).

Das Controlling stellt fachliche Anforderungen an die Berichterstattung. So sehen 89,2% der Befragten einen Nutzen durch schnellere Reaktionszeiten, die durch den Einsatz von SSBI erzielt werden könnten. Knapp 90% der Teilnehmer sind auch der Meinung, dass individuelle Analysen und Berichte zu einer besseren Informationsqualität und zu mehr Unabhängigkeit des Fachbereichs führen sowie insgesamt die Zweckorientierung im Berichtswesen erhöhen würden. Auf der anderen Seite bringt die Umsetzung der fachlichen Anforderungen auch weitere Risiken mit sich, die sich negativ auf die Akzeptanz auswirken. Demnach halten es knapp zwei Drittel der Befragten für wahrscheinlich, dass Datensilos mit einer dezentralen Datensammlung in den Fachbereichen aufgebaut werden. Dies führt häufig zu einer fehlenden Vergleichbarkeit der Informationen, wie 82,5% der Teilnehmer bestätigen. Eine weitere Einflussgröße bezüglich der Akzeptanz stellen die organisatorischen Anforderungen von SSBI dar. Dem Fachbereich wird mehr Kompetenz im Berichterstellungsprozess zugesprochen, wodurch eine Verlagerung der Aufgabengebiete von der IT hin zum Fachbereich stattfindet. Diese Kompetenzverlagerung bewerten 30% der Befragten als mögliches Risiko. Durch den Kompetenzverlust bei der IT fühlt sich diese schlecht in den Prozess einbezogen. Dies würde die Akzeptanz des Berichtswesens seitens der IT auch durch SSBI nicht erhöhen. Auf der anderen Seite finden 43,2% der Befragten, dass durch die Kompetenzverlagerung in den Fachbereich die IT entlastet und schlussendlich die Effizienz gesteigert werden könne (81,1%).

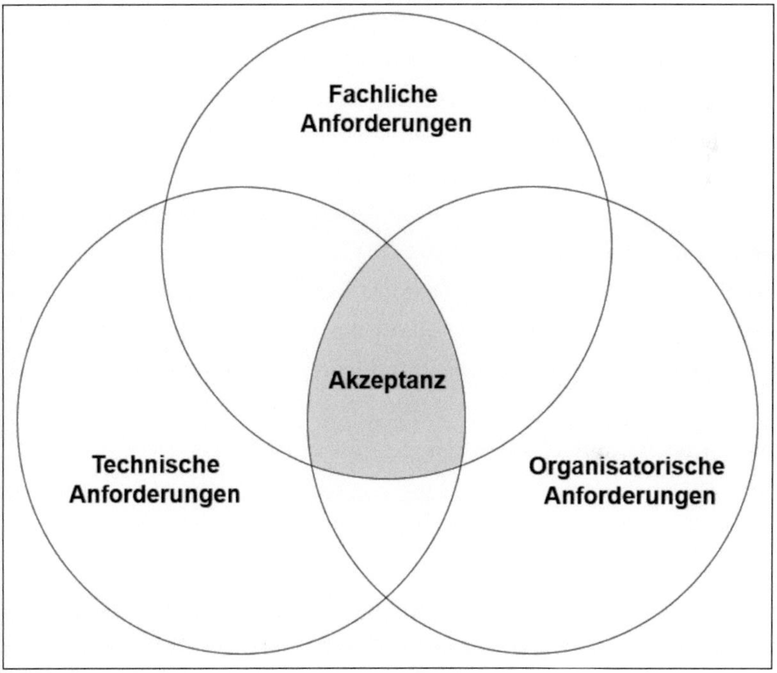

Abbildung 12: Einflussgrößen der Akzeptanz im Berichtswesen
Quelle: eigene Darstellung.

Die dritte Einflussgröße umfasst die technischen Anforderungen, die ebenfalls Auswirkungen auf die Akzeptanz haben. Wie im klassischen Berichtswesen, ist bei SSBI die Integration sämtlicher relevanter Daten eine der wichtigsten Hürden. Hier müssen eine geeignete Infrastruktur in der IT und Richtlinien für den Umgang mit manuellen Datenintegrationen oder Datenmodellen der Anwender aufgebaut werden. Gerade eine einheitliche Daten-

und Informationsbasis halten 20% der Befragten für wichtig bzw. 72,5% für sehr wichtig, welche außerdem direkten Einfluss auf die Akzeptanz habe.

Es lässt sich zusammenfassen, dass die Akzeptanz im Berichtswesen nur erhöht werden kann, wenn die Anforderungsprofile der drei Bereiche erfüllt werden (vgl. Abbildung 12). SSBI hat das Potential die fachlichen, technischen und organisatorischen Anforderungen zu erfüllen und damit die Akzeptanz des Berichtswesens im Unternehmen zu erhöhen. Ergänzend zu den genannten Anforderungsprofilen kann eine Akzeptanz nur erreicht werden, wenn die einzelnen Hierarchieebenen im Unternehmen diesen Ansatz unterstützen. Demnach wird die Unterstützung der Geschäftsführung von 10% der Befragten als sehr unwahrscheinlich, 25% als eher unwahrscheinlich, 37,5% als eher wahrscheinlich und von 15% als sehr wahrscheinlich bewertet. Anders und deutlich positiver sieht das Ergebnis bei der Unterstützung des Controllings aus. Hier halten die Unterstützung nur 5% für eher unwahrscheinlich, zu 37,5% für eher wahrscheinlich und mehr als die Hälfte (55%) für sehr wahrscheinlich. Der IT wird in diesem Kontext eine neutrale Haltung zugeordnet. Darüber hinaus kann durch SSBI mit steigender Akzeptanz eine höhere Wahrnehmung und Nutzung des Berichtswesens erzielt werden, sodass einerseits das Interesse anderer Abteilungen geweckt wird und anderseits der Stellenwert des Controllings als Business-Partner und Entscheidungsunterstützer des Managements wächst.

3.4 Zusammenfassung der Studie

Die vorliegende praxisorientierte Studie bestätigt den Trend im BI-Bereich, dass die Nutzung und Analyse von Unternehmensinformationen selbstständig von den Fachanwendern erfolgen soll. Der Einsatz von Self-Service-BI im Berichtswesen kann einen Wertebeitrag dazu leisten und ermöglicht die Unabhängigkeit der Anwender, mit vorhandenen oder neuen Informationen zu arbeiten. Als wesentlichen Treiber für SSBI kann das Bedürfnis der Anwender nach mehr Mobilität und Flexibilität im Umgang mit Unternehmensinformationen festgestellt werden. Laut der Studie hält die überwältigende Mehrheit der Befragten den Einsatz von SSBI im Fachbereich Controlling für erforderlich. Darüber hinaus setzen rund 40% der Befragten bereits ein SSBI-Werkzeug ein, um schneller relevante Entscheidungen treffen zu können. Die Studienteilnehmer bewerten Ad-hoc-Analysen als eine der Hauptfunktionalitäten von SSBI, die ergänzend zum Standardberichtswesen eingesetzt werden können. Dies ermöglicht u. a. die deutliche Reduzierung von Wartezeiten bei Änderungswünschen und lässt mehr Agilität im Geschäftsprozess zu. Des Weiteren werden als zentrale Nutzenpotentiale vor allem die Verbesserung der Kommunikation durch eine Optimierung der Berichterstellungsprozesse und die Steigerung der Akzeptanz und Wahrnehmung des Berichtswesens gesehen. Dagegen werden die technischen Nutzenpotentiale von SSBI, wie die Erstellung eigener Datenmodelle oder die Überprüfung der Datenqualität im Fachbereich, von den Teilnehmern als weniger bedeutend bewertet. Allerdings erschwert die entstehende Flexibilität durch SSBI auch die Nutzung einheitlicher Standards und Kennzahlen. Data Governance adressiert dieses Problem, da sie das Spannungsfeld zwischen übergreifenden Standards und gleichzeitiger lokaler Flexibilität lösen kann. Ein Verzicht kann zu Analysefehlern, sinkender Datenqualität oder zur Entstehung von Datensilos führen.

Weiterführend konnte die Studie bestätigten, dass sich die Rolle des Controllings weiterhin im Wandel befindet. In einer heterogenen Unternehmenslandschaft mit knappen Zeitressourcen ist das Management auf eine rechtzeitige und adäquate Informationsversorgung durch das Controlling angewiesen. In einem dynamischen und modernen Berichtswesen steht das Controlling als Business-Partner dem Management zur Seite. Dafür benötigt es Werkzeuge, die eine agile Unternehmenssteuerung ermöglichen. Self-Service-BI kann dazu beitragen, dass das Controlling als Entscheidungsunterstützer im Unternehmen agieren kann. Allerdings wird hierzu auch die Unterstützung und Akzeptanz seitens der Unternehmensführung sowie die technische Unterstützung der IT benötigt. Zudem müssen sich die Controller auf die neue Rolle als interne Dienstleister des Managements einlassen und ihr technisches Grundverständnis weiter ausbauen, damit alle Potentiale von SSBI ausgeschöpft werden können. Anders als oft behauptet wird, macht sich das Controlling durch den Einsatz moderner BI-Systeme nicht überflüssig. Ganz im Gegenteil. Die Konzentration sollte nicht nur auf der Berichterstellung und Analyse liegen, sondern vielmehr sollte der Ansatz des Coachings verfolgt werden. Der Auffassung, dass SSBI zur Umsetzung der neuen Rolle essentiell ist, kann unter Berücksichtigung der Ergebnisse der Studie nicht gefolgt werden. Vielmehr bietet SSBI die Potentiale zur Nutzensteigerung und sorgt dafür, dass das Controlling seiner neuen Rolle als Business-Partner im Unternehmen gerecht wird.

Als durchaus kritisch lässt sich die Ausgewogenheit der teilnehmenden Fachbereiche bewerten. Für eine weiterführende und differenziertere Betrachtung des vorliegenden Sachverhalts wäre eine höhere Studienteilnahme von Personen aus der IT wünschenswert gewesen. Dadurch hätten sich weitere Erkenntnisse ergeben und bestätigt, die bei den aktuellen Studienergebnissen nur tendenziell zu erahnen sind. Durch eine größere Teilnehmerzahl unterschiedlicher Fachbereiche wären Erkenntnisse aussagekräftiger gewesen. Darüber hinaus ist zur Messung des Nutzens eine monetäre Betrachtung denkbar, aber nur schwer generalisierend durchführbar. Eine Kosten-Nutzen-Analyse wäre vermutlich unter Berücksichtigung des Arbeitsaufwands, der Arbeitseinsparungen durch Self-Service-BI, der Stundenlöhne und der beteiligten Personen am Geschäftsprozess der Berichterstattung zu der Erkenntnis gekommen, dass sich Kosteneinsparpotentiale durch SSBI ergeben würden. Die Aussagekraft einer solchen Analyse, die zum größten Teil aus Annahmen aufgrund vertraulicher Unternehmensinformationen besteht, lässt sich durchaus anzweifeln und wurde deshalb nicht berücksichtigt.

4 Fallstudie: SSBI-Anwendung im Controlling

In der wissenschaftlichen Aufarbeitung konnten konkrete Anwendungspotentiale von Self-Service-BI in Bezug auf das Controlling erarbeitet werden, die zum Teil durch die Ergebnisse der Studie bestätigt wurden. Allerdings steht die praktische Realisierung, Durchführung und Integration in bestehende Geschäftsprozesse noch aus. Aus diesem Grund soll die folgende Fallstudie die praktische Umsetzung der Anwendungspotentiale von SSBI im Controlling anhand eines realitätsnahen Anwendungsfalls untersuchen. Dafür wird zunächst das Anwendungsszenario mit der Ausgangssituation erläutert und das Standardberichtswesen eines Beispielunternehmens definiert. Anschließend wird das ausgewählte SSBI-Werkzeug vorgestellt und in die Funktionsbausteine von SSBI eingeordnet sowie hinsichtlich der Anforderungskriterien des Anwendungsfalls geprüft. Danach folgt eine qualitative Mehrwertanalyse, in der die Umsetzungsmöglichkeiten des Werkzeuges mitsamt den zuvor definierten Anforderungen beschrieben und mögliche Nutzensteigerungen durch den Einsatz von SSBI untersucht werden. Abschließend werden die Ergebnisse der Fallstudie zusammengefasst und das SSBI-Werkzeug in Bezug auf die Anwendung im Controlling bewertet.

4.1 Definition des Anwendungsszenarios

Für die vorliegende Fallstudie wird ein fiktives Unternehmen betrachtet. Bei dem Unternehmen handelt es sich um einen in den 1980er Jahren in Deutschland gegründeten Produkthersteller und -händler in Familienbesitz mit ca. 20.000 Mitarbeitern. Das Unternehmen hat sich auf die Herstellung der zwei Produktsparten Hausgeräte und Heimwerken spezialisiert und produziert die Produkte an mehreren Standorten in Deutschland. Das Produktportfolio reicht dabei von Herden und Backöfen über Gartengeräte und Werkzeuge bis hin zu kleinen Hausgeräten wie Kaffeevollautomaten oder Staubsaugern. Die Produkte werden meist in hohen Stückzahlen hergestellt und hauptsächlich über Groß- und Einzelhändler vertrieben. Für eine effiziente Organisation und Verteilung der Produkte wurde über die Jahre hinweg eine Vertriebsstruktur aufgebaut, die sich in die drei Ebenen Vertriebsregion, Vertriebsgebiet und Verkaufsgebiet gliedert. Die hauseigenen Vertriebsmitarbeiter werden einem oder mehreren Verkaufsgebieten zugeordnet und vertreiben die Produkte an Zwischenhändler in ihren Verkaufsgebieten, bevor der Endkunde die Produkte im Handel erwerben kann.

Für einen regelmäßigen Einblick und Kontrolle in die monatlichen Absätze sowie eine Kontrolle der Zielvereinbarungen der Vertriebsmitarbeiter wurde bereits ein Standardberichtswesen im Vertriebscontrolling auf Basis der BI-Software Oracle Business Intelligence Enterprise Edition (OBIEE) aufgebaut. Das Standardberichtswesen mit OBIEE löste vor einigen Jahren eine Excel-basierte Berichterstattung ab, die quartalsweise aufwendig vom Vertriebscontrolling erstellt und der Vertriebsleitung zur Verfügung gestellt wurde. Die Standardberichte umfassen heute eine Regions-, Produkt- und Mitarbeiteranalyse, in der die Zielvereinbarungen der Vertriebsmitarbeiter den Ist-Aufträgen aus dem ERP-System in unterschiedlicher Granularität gegenüber gestellt werden. Zusätzlich wird eine Prognose über die Zielerreichung bis Jahresende ermittelt, wofür die noch offenen Aufträge und eine Bewertung der Eintrittswahrscheinlichkeit aktueller Opportunities aus dem CRM-System benötigt werden. Die umgesetzten Berichte und Darstellungsformen können beispielhaft in Anhang 9 eingesehen werden. Um den Berichtsanforderungen der Vertriebsleitung gerecht zu werden, wurde zunächst eine einheitliche Datenbasis in einem Data Warehouse aufgebaut. Dort werden automatisiert die Transaktionsdaten aus dem ERP- und CRM-System vereinheitlicht und in der benötigten Granularität und Form gespeichert. Darüber hinaus werden die Daten mit den geplanten Zielvereinbarungen der jeweiligen Mitarbeiter angereichert, die als externe Dateien in das System integriert werden müssen. Die Excel-Datei umfasst Personalnummer, Mitarbeitername sowie den vereinbarten Zielumsatz pro Warengruppe und Monat. Auf dem Data Warehouse aufbauend wurde eine multidimensionale Datenbank mit Oracle Essbase realisiert, die als Datenquelle des Standardberichtswesens genutzt wird und multidimensionale Analysen mit OBIEE ermöglicht (vgl. Abbildung 13).

Die regelmäßige Informationsversorgung in Form von Standardberichten stößt in der aktuellen Unternehmenswelt des Produktherstellers an seine Grenzen. Das Unternehmen bewegt sich in einem dynamischen Markt und ist daher von einer sich ständig verändernden Unternehmensumwelt geprägt. Durch eine zunehmende gesellschaftliche Digitalisierung entwickeln sich vor allem Handelsunternehmen zu Multi-Channel-Anbietern, die ihre Produkte nicht mehr nur über einen Vertriebskanal, sondern über unterschiedlichste Kanäle anbieten. Diese Entwicklung wird maßgeblich durch den Konsumenten getrieben, der seine Produkte verstärkt digital über das Internet erwirbt. Dies hat auch direkten Einfluss auf die Produkthersteller und deren Vertriebsaktivitäten. Aus diesem Grund müssen sich derartige Veränderungen kurz- bis mittelfristig in den eingesetzten Controllinginstrumenten widerspiegeln. Das Vertriebscontrolling muss in die Lage versetzt werden, flexibel auf Geschäftsvorfälle reagieren und die benötigten Informationen für die Informationsempfänger zur Entscheidungsunterstützung bereitstellen zu können.[216] Im aktuellen Geschäftsprozess werden Änderungswünsche oder die Integration neuer externer Daten über ein Support-Ticket-System abgewickelt. Dabei erstellt der Fachbereich je Anforderung ein Support-Ticket mit Priorität und weist dieses den zuständigen Mitarbeitern in der IT-Abteilung zu. Anschließend planen diese die Bearbeitung unter Berücksichtigung der eigenen Ressourcen ein und vergeben einen Fertigstellungstermin. Gerade bei kurzfristigen Änderungswünschen folgt die Umsetzung oftmals erst am nächsten oder übernächsten Tag, wodurch das Controlling ausgebremst wird und die geforderten Informationen nur verspätet der Vertriebsleitung zur Verfügung stellen kann.

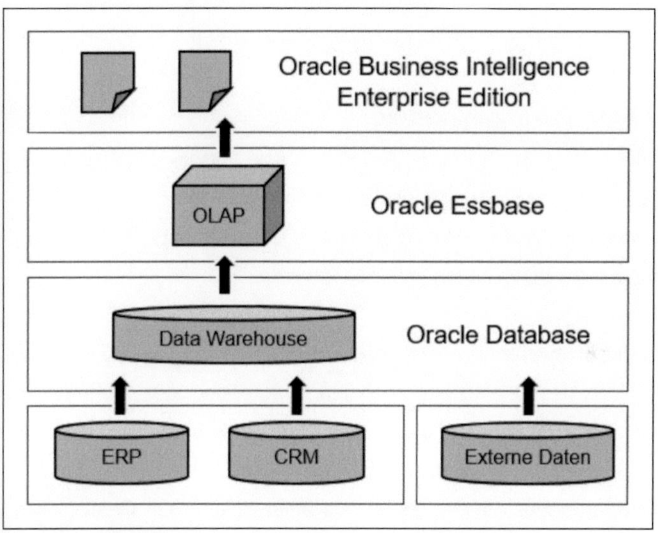

Abbildung 13: BI-Architektur im fiktiven Beispielunternehmen
Quelle: eigene Darstellung.

Das vorliegende Unternehmen hat sich deshalb für den Aufbau einer SSBI-Lösung entschieden, die zu einer flexibleren Berichterstattung beitragen soll. Das Standardberichtswesen soll damit um individuelle Analysen erweitert werden und dem Controlling mehr

[216] Vgl. Buttkus, Michael / Neugebauer, Altfrid (2012), S. 15 f.

Freiheiten bei der Auswertung ermöglichen. Die Bedienung sollte intuitiv erfolgen und eine Verteilung bzw. Weiterleitung von Analysen reibungslos über eine Plattform möglich sein. Zudem sollen die Darstellung in Tabellenform abgelöst und es sollen mehr Visualisierungsformen zur Darstellung von Unternehmensinformationen verwendet werden. Eine weitere Anforderung des Unternehmens ist die unterjährige Integration angepasster Mitarbeiterzielvereinbarungen in das bestehende System, die eigenständig durch das Controlling mit Hilfe des SSBI-Werkzeugs durchgeführt werden soll. Ein aufwendiger Prozess geprägt von Zeitverzögerungen durch Fachabteilungsübergreifende Zusammenarbeit soll dadurch abgelöst werden. Ziel des Controllings ist es, die Berichtsempfänger mit aktuellen Entwicklungen und Prognosen der Zielerreichung pro Produktsparte und Vertriebsregion in unterschiedlicher Granularität versorgen zu können. Das Unternehmen erhofft sich durch die Nutzung von SSBI zudem schneller auf Veränderungen am Markt reagieren zu können, um beispielsweise eine dynamische Preisentwicklung aufzubauen.

4.2 Prüfung der Anforderungskriterien

Aufgrund der bereits eingesetzten Softwareprodukte von Oracle und der langjährigen Erfahrungen mit OBIEE bevorzugt die Unternehmensleitung das SSBI-Werkzeug Oracle Data Visualization 12c (im weiteren Data Visualization genannt), das nun einer Prüfung bzgl. der zuvor geschilderten Anforderungskriterien unterzogen wird.

Nach eigenen Angaben des Softwareherstellers Oracle stellt Data Visualization ein intuitives und interaktives Tool dar, das Self-Service-Analysen für Endanwender mit hoher Flexibilität ermöglicht. Die Hauptmerkmale von Data Visualization sind die intuitiven Visualisierungen per Drag-and-Drop sowie die einfache und dynamische Veränderung der Analysen im Bedarfsfall. Darüber hinaus können Daten aus unterschiedlichen Quellen miteinander verknüpft und problemlos in Beziehung zueinander gesetzt sowie aus verschiedenen Blickwinkeln betrachtet werden. Die Bedienung des Werkzeugs sieht automatische Visualisierungen vor, bei denen die Darstellungsform in Abhängigkeit von der Datenauswahl automatisch ausgewählt wird. Ferner können gewonnene Erkenntnisse und Kommentare als virtuelle Story erfasst und innerhalb des Unternehmens beliebig geteilt werden. Die Analysen sind zudem auf jedem beliebigen Gerät automatisch verfügbar, wodurch ein geräteunabhängiger Zugriff gewährleistet werden kann.[217] Data Visualization kann auf drei verschiedene Arten im Unternehmen genutzt werden. Neben einem Cloud-Service, bei dem die Software webbasiert zur Verfügung steht und keine eigenen IT-Ressourcen benötigt werden, kann Data Visualization auch im eigenen Rechenzentrum über ein Nutzungs- und Lizenzmodell betrieben werden. Darüber hinaus bietet Oracle eine Desktopversion von Data Visualization an, bei der die Software auf den lokalen Rechner der Nutzer installiert wird.[218]

Die Funktionsmatrix in Tabelle 3 bietet zusammenfassend einen Überblick über die Einsatzmöglichkeiten von Data Visualization und ordnet diese in die Funktionsbausteine von SSBI ein.

SSBI-Werkzeug	Modifikation von Berichten	Erzeugung von Berichten ad hoc	Integration privater und lokaler Daten	Modifikation und Erzeugung von Datenmodellen	Verbesserung der Datenqualität
Oracle Data Visualization 12c	(x)	x	x	x	(x)

(x) eingeschränkte Einsatzmöglichkeit

Tabelle 3: Funktionsmatrix von Oracle Data Visualization
Quelle: eigene Darstellung.

Es kann zunächst festgestellt werden, dass einer der wesentlichen Funktionsbausteine von Data Visualization die Erzeugung von Ad-hoc-Analysen ist, die im Nachgang beliebig angepasst werden können. Eine Modifikation bestehender Berichte aus OBIEE ist hingegen mit Data Visualization nicht möglich, wird im vorliegenden Anforderungskatalog jedoch auch nicht gefordert. Weiterführend ermöglicht das SSBI-Werkzeug über sogenannte Data Mashups eine Integration externer Daten. Dadurch wird den Controllern die selbstständige Einbindung angepasster Zielvereinbarungsdaten in Datenbasis und Analysen ermöglicht, wodurch das Tool eines der zentralen Anforderungen des Unternehmens abdeckt. Zusätzlich können vorhandene Datenquellen mit den eigenen externen Daten verknüpft und gefiltert werden, wodurch der Nutzer in die Lage versetzt wird, eigene Datenmodelle zu erstellen. Ferner steht den Nutzern eine Vielzahl an Visualisierungsmöglichkeiten zur Verfügung. Das ermöglicht dem Vertriebscontrolling den Einsatz unterschiedlicher Darstellungsformen, die zu einem Dashboard zusammengestellt werden und zielgerichtet Informatio-

[217] Vgl. Oracle (o.J. A), Online im Internet.
[218] Vgl. Oracle (o.J. B), Online im Internet.

nen vermitteln können. Die intuitive Bedienung von Data Visualization erfordert kein zusätzliches und aufwendiges Training der Controllingmitarbeiter und kann somit sofort eingesetzt werden.

Es lässt sich zusammenfassend unter Berücksichtigung des Anwendungsszenarios der vorliegenden Fallstudie und der Prüfung der Anforderungskriterien konstatieren, dass Data Visualization für den Einsatz im Unternehmen geeignet ist und in der Desktopversion für einzelne Mitarbeiter im Vertriebscontrolling eingesetzt werden kann.

4.3 Qualitative Mehrwertanalyse

Nachfolgend werden die Erkenntnisse der qualitativen Mehrwertanalyse vorgestellt. Das Ziel der Mehrwertanalyse war es, festzustellen, welchen praktischen Mehrwert der Einsatz des SSBI-Werkzeugs Data Visualization gegenüber dem Standardberichtswesen mit O-BIEE im konkreten Anwendungsfall hat und wie sich die Nutzung auf die Geschäfts- und Kommunikationsprozesse im Vertriebscontrolling auswirkt.

Zunächst sei erwähnt, dass die Installation der Desktopversion von Data Visualization schnell und reibungslos durchgeführt werden konnte. Eine Unterstützung seitens der IT war nicht notwendig. Das SSBI-Werkzeug bietet nach dem Start eine strukturiert aufgebaute Oberfläche, die übersichtlich und schlicht wirkt (vgl. Anhang 10). Von hier aus gelangt der Nutzer zu seinen vorhandenen Projekten, kann neue Datenquellenverbindungen einrichten oder Datenquellen für neue Analysen erstellen. Zusätzlich ermöglichen eine Suchfunktion sowie eine einblendbare Navigation einen unkomplizierten Zugriff auf gewünschte Inhalte.

Den größten Mehrwert erzielten die Controller mit der Nutzung von Ad-hoc-Analysen, die nach Einbindung der Datenquellen und je nach Analysezweck flexibel aufgebaut und angepasst werden konnten. Die Erstellung selbst ist intuitiv durchführbar. Zunächst werden die zu analysierenden Spalten und Kennzahlen ausgewählt. Anschließend werden diese per Drag-and-Drop in eine freie Fläche gezogen. Anhand der Kombinationen aus Spalten und Kennzahlen wählt Data Visualization die vermeintlich sinnvollste Visualisierungsform aus. Diese Funktionalität konnte aber nicht überzeugen, da häufig die gleiche Visualisierung bei unterschiedlichen Kombinationen vorgeschlagen wurde oder die Darstellung aus fachlicher Sicht keinerlei Mehrwert bot. Eine gewünschte Darstellungsform konnte nachträglich ausgewählt werden. Je Visualisierung können unterschiedliche Eigenschaften vergeben werden, wie beispielsweise ein Titel, das Zahlenformat oder die Achsenskalierungen bei Grafiken. Abbildung 14 zeigt exemplarisch ein Projekt für die Vertriebsregion Norddeutschland. Der zuständige Controller hat sich darin individuelle Analysen aufgebaut, die er in die drei Bereiche Übersicht, Produktanalyse und Opportunities unterteilt hat. Auf der Übersicht wurden beispielsweise die wichtigsten Hauptkennzahlen für einen schnellen Überblick über den aktuellen Stand oder die Zielerreichung nach Vertriebsgebiet dargestellt. Die Zielerreichung als Kennzahl stand nicht in der Datenquelle zur Verfügung, weshalb sie im SSBI-Werkzeug selbst angelegt wurde (vgl. Anhang 11). So lassen sich Datenquellen um beliebig viele weitere Kennzahlen ergänzen und ermöglichen den Nutzern mehr Analysemöglichkeiten.

Einen weiteren großen Mehrwert sahen die Nutzer in der Möglichkeit, mehrere Analysen in einem Projekt kombinieren zu können. Dadurch müssen, anders als beim Standardberichtswesen, nicht mehr für jede Analyse eigene Berichte angelegt werden, wodurch eine effizientere Analyse durchgeführt werden kann. Des Weiteren lassen sich globale Filter festlegen, mit denen die Analysen zusätzlich eingeschränkt werden können. Im vorliegenden Beispiel lassen sich die Analysen neben Jahr und Monat auch auf das Vertriebsgebiet oder die Produktsparte einschränken. Der Blickwinkel der Analyse kann dadurch je nach Bedarf angepasst werden, ohne dass separate Berichte aufgebaut werden müssen. Insgesamt bietet Data Visualization eine intuitive und durchdachte Plattform, um Ad-hoc-Analysen zu erstellen. Nach kurzer Eingewöhnungszeit konnten die Nutzer ganze Berichtsmappen mit verschiedenen Analysen aufbauen. Das Vertriebscontrolling war dadurch in der Lage, flexibel auf Anfragen der Vertriebsleitung zu reagieren, um beispielsweise die kurzfristige Entwicklung der Aufträge zu analysieren. Zudem trugen die Ad-hoc-Analysen zu einer effizienteren Informationsversorgung bei und lieferten die erforderlichen Erkenntnisse, um auf deren Basis Entscheidungen treffen zu können. Vor allem die Vielfalt der Visualisierungsformen ermöglicht ganz neue Einsichten und Erkenntnisse.

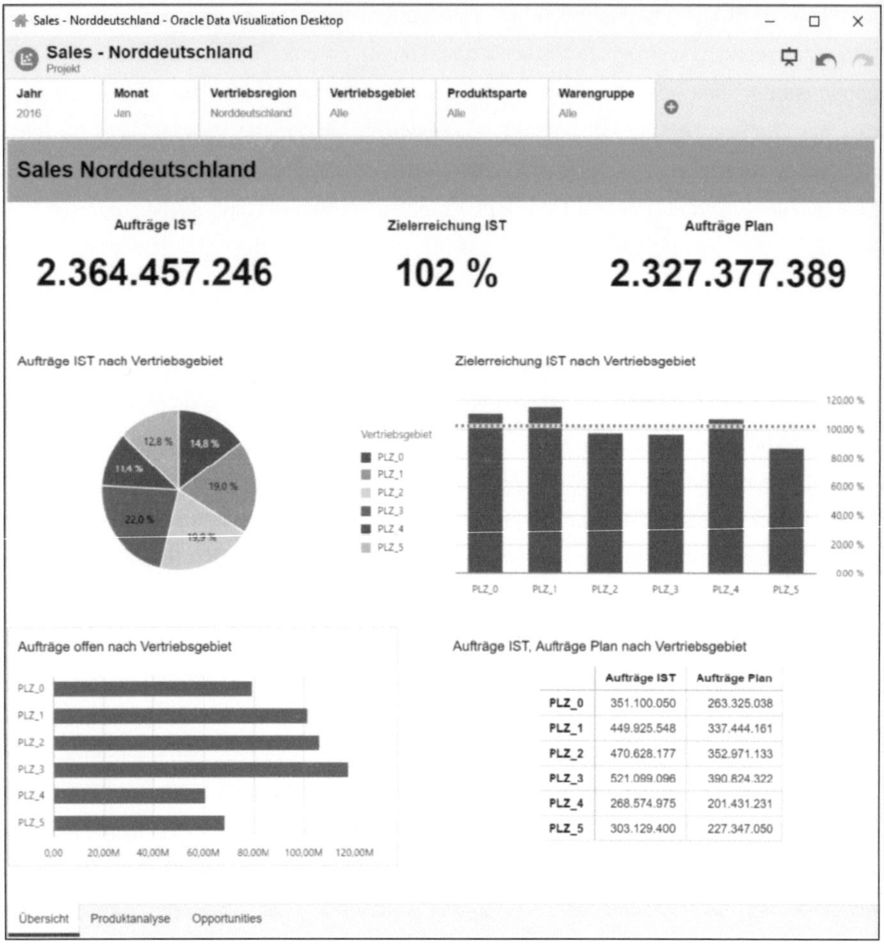

	Aufträge IST	Aufträge Plan
PLZ_0	351.100.050	263.325.038
PLZ_1	449.925.548	337.444.161
PLZ_2	470.628.177	352.971.133
PLZ_3	521.099.096	390.824.322
PLZ_4	268.574.975	201.431.231
PLZ_5	303.129.400	227.347.050

Abbildung 14: Beispielprojekt für Vertriebsregion Norddeutschland
Quelle: eigene Darstellung in Oracle Data Visualization Desktop 12c.

Neben den Analysemöglichkeiten überzeugten vor allem die Integration verschiedener Datenquellen und der Aufbau von Datenmodellen mit Data Visualization. Bevor mit der Erstellung der bereits beschriebenen Ad-hoc-Analysen begonnen werden konnte, mussten zuvor die Verbindungen zu den erforderlichen Datenquellen angelegt werden. Dies kann bei einer Cloud-Lösung von Data Visualization auch zentral über die IT gesteuert werden. In der verwendeten Desktopversion müssen die Verbindungen allerdings manuell angelegt und verwaltet werden. Data Visualization bietet Zugriff auf eine Reihe von Datenquellen, wie beispielsweise u. a. die Oracle-Datenbank, Oracle Essbase, Microsoft SQL Server, Google Analytics, Amazon Aurora oder auch Salesforce. Für den vorliegenden Anwendungsfall wurde zunächst die Datenquelle Oracle Essbase unter Eingabe der Zugangsdaten angebunden, die auch als Datenquelle für das Standardberichtswesen mit OBIEE dient. Als besonders hilfreich stuften die Controller die Möglichkeit ein, eine Verbindung zum Standardberichtswesen mit OBIEE herzustellen, mit der aufbauend auf den Standardberichten weitere Analysen entwickelt werden konnten. Die Nutzer sind mit den Berichten aus OBIEE und der Datenquelle bereits vertraut und können sich deshalb schneller im SSBI-Werkzeug orientieren. Zudem können dadurch die Ergebnisse der Ad-hoc-Analysen mit den Ergebnissen der Standardberichte verglichen werden, wodurch die Glaubwürdigkeit und Akzeptanz von SSBI erhöht werden kann.

Nach der Anlegung der Datenquellenverbindungen mussten die Datenquellen als Datenbasis für die Ad-hoc-Analysen ausgewählt werden. Der Nutzer hat die Möglichkeit, die Datenquellen zu modifizieren, indem er eigene Datenflüsse erstellt. Mit Hilfe der Datenflüsse werden die ursprünglichen Daten aus der Quelle geladen, transformiert und anschließend in angepasster Form als Datenquelle abgespeichert. Diese Funktionalität wurde häufig genutzt, da nicht jeder Controller alle Daten zur Vertriebsanalyse benötigte. Es war durchaus hilfreich, die Daten beispielsweise auf ein Vertriebsgebiet einzuschränken, um später die Analysen nicht jedes Mal manuell über einen Filter auf ein Vertriebsgebiet einschränken zu müssen (vgl. Anhang 12). Ein weiterer praktischer Nutzen konnte durch die Integration externer Daten erzielt werden, die auch als Prozessschritt in den Datenflüssen eingebaut werden konnte. Dadurch ließen sich die monatlich angepassten Zielvereinbarungen je Vertriebsmitarbeiter als zusätzliche Datenquelle in das Datenmodell einbinden. Die Verknüpfung mit den bereits vorhandenen Datenquellen erfolgte systemisch anhand der Spaltennamen, konnte aber auch manuell überprüft und angepasst werden (vgl. Anhang 13). Der Aufbau eigener Datenmodelle durch die Einbindung verschiedener Datenquellen ermöglichte dem Controlling neue Sachverhalte abweichend vom Standard zu analysieren. Zum Beispiel wurde ein Datenmodell aus den vorhandenen Datenquellen zur Analyse der Opportunities erstellt. Der Controller war damit in der Lage, die Eintrittswahrscheinlichkeiten der potentiellen Produktverkäufe auswerten zu können. Aufgrund der Parallelen aus der Vergangenheit bei ähnlichen Kunden, konnten Maßnahmen der Vertriebsleitung vorgeschlagen werden, die zur Steigerung der Eintrittswahrscheinlichkeit führen sollten.

Zusammenfassend lässt sich festhalten, dass die Bedienung von Data Visualization intuitiv und benutzerfreundlich erfolgt. Vor allem die unterschiedlichen Visualisierungsformen bei den Ad-hoc-Analysen, bieten den Nutzern ergänzend zu den Standardberichten viele Möglichkeiten der Analyse. Durch die eigenständige Integration der angepassten Zielvereinbarungen, musste kein Umweg über die IT gegangen werden, wodurch der Geschäftsprozess verkürzt und die IT entlastet werden konnte. Das Vertriebscontrolling war mit dem eingesetzten SSBI-Werkzeug in der Lage, flexibel auf Anforderungen zu reagieren, und schaffte eine bessere Entscheidungsgrundlage für die Vertriebsaktivitäten des Unternehmens. Zudem wurde die Motivation der Vertriebsmitarbeiter erhöht, da diese jetzt zeitnah mit den erforderlichen Informationen versorgt wurden. Darüber hinaus ließen sich auch neue Erkenntnisse, zum Beispiel zu den Opportunities, gewinnen, die im Vorfeld kaum denkbar waren.

4.4 Ergebnisse der praktischen Untersuchung

Die vorliegende Fallstudie zeigte, dass Self-Service-BI mit seinen Anwendungspotentialen auch einen praktischen Nutzen für Unternehmen haben kann. Im konkreten Anwendungsfall des Vertriebscontrollings eines Produktherstellers konnte Data Visualization zu einer flexibleren Berichterstattung als Ergänzung zum Standardberichtswesen beitragen. Das eingesetzte SSBI-Werkzeug bot eine Vielzahl unterschiedlicher Visualisierungsformen und stellte Sachverhalte einfach und anschaulich dar. Die Benutzeroberfläche und die Bedienung waren klar strukturiert und intuitiv. Neben den individuellen Analysen konnten auch die Einbindung von Datenquellen und die Erzeugung von Datenmodellen überzeugen. Auch technisch weniger versierte Controllingmitarbeiter/-innen nutzten die Funktionen zum Aufbau eigener Datenmodelle und hatten dadurch nur die Daten zur Verfügung, die sie auch zur Analyse benötigten. Des Weiteren war die Integration zusätzlicher Daten möglich, die entweder manuell oder in einem Prozessschritt der zu erstellenden Datenflüsse eingebaut werden konnten. Gerade bei kurzfristigen Veränderungen am Markt oder in einer speziellen Kundensituation konnten die Controller in Zusammenarbeit mit den Vertriebsmitarbeitern die Sachverhalte analysieren und auswerten und so zügig Erkenntnisse gewinnen, die bei der Entscheidungsfindung unterstützen. Als durchaus kritisch kann die Einhaltung von Visualisierungsstandards gesehen werden, die je nach Nutzer anders interpretiert wurden. Dadurch waren identische Sachverhalte nicht vergleichbar und erforderten einen höheren Analyseaufwand. Es empfiehlt sich deshalb ein klares Notationskonzept, welches auch übergreifend für die Standardberichte gelten sollte, aufzubauen und die Mitarbeiter entsprechend zu schulen. Des Weiteren sollte auf technische Namensbezeichnungen in den Datenquellen verzichtet werden, da diese die Arbeit mit dem SSBI-Tool für die Controller erschwert. Weiterhin war eine Verteilung entwickelter Ad-hoc-Analysen nur über Im- und Export möglich, weshalb für einen regulären Betrieb auf die Cloud- oder On-Premise-Lösung zurückgegriffen werden muss, um einen webbasierten Zugriff auf Analysen und Berichte zu ermöglichen.

5 Zusammenfassung und Ausblick

In der vorliegenden Arbeit wurden die Anwendungspotentiale und die Notwendigkeit von Self-Service-BI im Controlling unter Durchführung einer praxisorientierten Studie untersucht. Dazu wurde zunächst auf das betriebliche Berichtswesen eingegangen und festgestellt, dass dies das zentrale Steuerungs- und Kontrollinstrument im Unternehmen darstellt und im Verantwortungsbereich des Controllings liegt. Es versorgt die Führungsebenen mit Informationen, um wirtschaftliche Entscheidungen zu treffen. Dabei ist auf die Zweckmäßigkeit der Berichte zu achten, da unterschiedliche Informationen von verschiedenen Berichtsempfängern benötigt werden. Eine bereits etablierte Lösung zur Abdeckung des regelmäßigen Informationsbedarfs stellen Standardberichte dar. Mit Hilfe von BI-Systemen können die Prozesse des betrieblichen Berichtswesens und die Informationsversorgung im Unternehmen automatisiert werden, erfordern bei einer traditionellen Verantwortungsverteilung jedoch eine intensive und abteilungsübergreifende Zusammenarbeit zwischen Fachabteilung und IT. Deshalb kommt es im Berichtserstellungsprozess immer wieder zu Störungen, die sich negativ auf den Informationsfluss im Unternehmen auswirken. Häufig wird dadurch die Zweckmäßigkeit der Berichte verfehlt und es entstehen Informationsasymmetrien, die keine geeignete Basis für Entscheidungen bieten. Die Lösung für derartige Herausforderungen konnte in SSBI gefunden werden. Die praxisorientierte Studie dieser Arbeit bestätigt den Trend, dass die Analysen und die Berichtserstellung selbständig durch den Fachbereich erfolgen müssen. Das Controlling möchte dafür mehr Verantwortung übernehmen, wodurch die Unabhängigkeit der Fachanwender bei der Informationsversorgung gefördert wird. Weiterhin kann bestätigt werden, dass der Hauptantreiber für SSBI-Werkzeuge das Flexibilitätsbedürfnis der Anwender ist. Die deutliche Mehrheit der Befragten ist für den Einsatz von SSBI im Controlling und sieht den größten Nutzen in der Anwendung von Ad-hoc-Analysen. Diese ermöglichen eine flexible Reaktion auf Anforderungsveränderungen und bieten neue Möglichkeiten der Informationsgenerierung, um zusätzlich zu den Standardberichten den Informationsbedarf abzudecken. Darüber hinaus wird durch SSBI die Reduzierung der Störungen im Berichtswesen gefördert, da kürzere Geschäfts- und Kommunikationsprozesse entstehen sowie die Akzeptanz und die Zuverlässigkeit der Berichterstattung erhöht werden.

Allerdings kann auch durch SSBI kein optimales Berichtswesen erreicht werden, da die Informationsbedürfnisse der einzelnen Nutzergruppen zu unterschiedlich sind und sich je nach Situation zu schnell verändern. Dennoch lässt sich aus der Perspektive des Controllings bestätigen, dass SSBI durch die geschilderten Potentiale zu einer Nutzensteigerung im betrieblichen Berichtswesen führt und nicht nur ein Marketinginstrument darstellt. Die Softwarehersteller haben vielmehr die Bedürfnisse der Anwender erkannt und bieten mit SSBI genau das erforderliche Werkzeug in einer dynamischen Unternehmenslandschaft. Die Fallstudie konnte darüber hinaus den praktischen Nutzen unter Anwendung von SSBI im Controlling bestätigen. Mit der Nutzung eines SSBI-Werkzeugs konnten individuelle Analysen in kurzer Zeit erstellt und Sachverhalte in verschiedenen Visualisierungsformen ohne Unterstützung der IT durch den Fachbereich erstellt werden. Unabhängig von der Notwendigkeit von SSBI im Berichtswesen muss ein Bewusstsein auf allen Unternehmensebenen geschaffen werden. Das Controlling muss die Bereitschaft zeigen, mehr technisches Verständnis aufzubauen und mehr Verantwortung bei der Berichtserstellung zu übernehmen. Die IT wiederum muss ihren Verantwortungsbereich neu definieren und sich mehr auf die Bereitstellung einer geeigneten Infrastruktur fokussieren, die die nötige Freiheit zur Analyse bietet und gleichzeitig ein Rahmenwerk zur Nutzung der Daten schafft. Ferner muss auch eine Bereitschaft der Führungsebenen erkennbar sein, den Einsatz von SSBI zu fördern und zu finanzieren. Nur wenn alle Unternehmensebenen dies erfüllen, trägt SSBI zu einer effizienten Informationsversorgung bei und lässt das Controlling als Entscheidungsunterstützer der Führungsebenen agieren.

Bereits heute lässt sich erkennen, dass auch in Zukunft das Berichtswesen sowie die BI-Systeme neuen Anforderungen ausgesetzt sind. Im klassischen BI-Verständnis werden Informationen aus Daten generiert, beispielsweise durch die Nutzung von SSBI-Werkzeugen, und unterstützen somit menschliche Entscheidungen. Darüber hinaus werden schon jetzt statistische Modelle beispielsweise für Absatzprognosen in Unternehmen eingesetzt, die maschinell zukunftsorientierte Informationen zur Unterstützung menschlicher Entscheidungen generieren. Doch auch dies ist noch nicht das Ende der Entwicklung. Noch einen Schritt weiter gehen Unternehmen, die systemisch generierte Entscheidungen mit Hilfe von BI-Systemen treffen und diese nur noch durch Menschen kontrollieren lassen. Dies wird vor allem im Bestandsmanagement deutlich, das in modernen Unternehmen vollautomatisch und ohne menschliche Entscheidungen gesteuert wird. Die Zukunft liegt also in einer Entscheidungsautomatisierung, bei der die BI-Systeme die Entscheidungen übernehmen und das Berichtswesen mehr als Kontrollinstrument eingesetzt wird. Dieser Entwicklung zufolge wird sich auch der Verantwortungsbereich des Controllings weiter verändern. Der Aufgabenbereich wird sich auf die Kontrolle der getroffenen Entscheidungen fokussieren, die weiterhin über Self-Service-BI und das Berichtswesen erfolgen wird. Unabhängig von dieser Entwicklung wird das Controlling seine Bedeutung im modernen Berichtswesen nicht verlieren, sondern einen entscheidenden Beitrag zur Umsetzung als Business-Partner der Führungsebenen leisten.

Literaturverzeichnis

o.V. / „Haufe Online Redaktion“ (2015)

Warum moderne BI-Tools die Position des Controllers festigen, Online im Internet unter: https://www.haufe.de/controlling/controllerpraxis/moderne-bi-tools-festigen-die-position-des-controllers_112_328148.html, Stand: 30.12.2016.

o.V. / „Umfrage Online“ (2017)

Features, Online im Internet unter: https://www.umfrageonline.com/features&student, Stand: 03.03.2017.

Abts, Dietmar / Mülder, Wilhelm (2002)

Grundkurs Wirtschaftsinformatik, Eine kompakte und praxisorientierte Einführung, 4. Auflage, Braunschweig/Wiesbaden, 2002.

Aeppli, Jürg / Gasser, Luciano / Gutzwiller, Eveline / Tettenborn, Annette (2016)

Empirisches wissenschaftliches Arbeiten, 4. Auflage, Bad Heilbrunn, 2016.

Alpar, Paul / Schulz, Michael (2016)

Self-Service Business Intelligence, in: Business & Information Systems Engineering, The International Journal of Wirtschaftsinformatik, Vol. 58, Iss. 2, 2016, S.151-155.

Bange, Carsten / Hinterberger, Janet (2012)

Self-Service BI – Unabhängigkeit für Fachanwender, in: CeBIT Guide Business Intelligence, isi Medien, 2012, S. 1-3.

Bange, Carsten / Lörcher, Wiebke (2016)

BARC BI Trend Monitor 2017: Trendthemen Data Discovery und Datenvisualisierung, Online im Internet unter: http://barc.de/news/barc-bi-trend-monitor-2017-trendthemen-data-discovery-und-datenvisualisierung, Stand: 26.01.2017.

Begerow, Markus (o.J.)

Business Intelligence Nutzergruppen, Online im Internet unter: http://www.datenbanken-verstehen.de/business-intelligence/business-intelligence-grundlagen/nutzergruppen/, Stand: 29.12.2016.

Birk, Stefan (1991)

Berichtssysteme, Operative Berichterstattung in Konzernen, Herrsching, 1991.

Bitterer, Andreas / Mack, Melanie (2015)

Time is money – Wie schnell erhalten Entscheider kritische Kennzahlen, BARC GmbH / Tableau Germany GmbH [Hrsg.], Würzburg, 2015, Foliensatz, S. 1-25.

Blohm, Hans (1974)

Die Gestaltung des betrieblichen Berichtswesens als Problem der Leitungsorganisation, 2. Auflage, Herne/Berlin, 1974.

Buttkus, Michael / Neugebauer, Altfrid (2012)

Controlling im Handel, Wiesbaden, 2012.

Claßen, David (2015)

Die neue Analysefreiheit braucht Regeln für User, in: is Report, Jg. 19, Nr. 8, 2015, S. 26-28.

Chamoni, Peter / Gluchowski, Peter (2004)

Integrationstrends bei Business-Intelligence-Systemen, in: Wirtschaftsinformatik, 46. Jg., Nr. 2, 2004, S. 119-128.

Eckerson, Wayne (o.J.)

How to Make BI Pervasive: The Myth of Self-Service BI, Online im Internet unter: http://download.101com.com/pub/tdwi/Files/Chapters/Pervasive%20BI%20-%20Toronto.pdf, Stand: 21.01.2017.

Fleischer, Holger (2013)

Handelsgesetzbuch, 54. Auflage, München, 2013.

Franke, Robert (2016)

Self-Service BI erfolgreich umsetzen, in: Lang, Michael [Hrsg.], Business Intelligence erfolgreich umsetzen, 1. Auflage, Düsseldorf, 2016, S. 43-66.

Geist, Fabian / Kluin, Torsten / Ritz, Harald (2013)

Self-Service Business Intelligence (SSBI) – Nutzenpotenziale für einen verbesserten Austausch von Informationen im Unternehmen, in: Barton, Thomas / Erdlenbruch, Burkhard / Guckert, Michael / Herrmann, Frank / Müller, Christian / Ritz, Harald[Hrsg.], Herausforderungen an die Wirtschaftsinformation: Integration und Konnexion, Tagungsband, Berlin, 2013, S. 47-58.

Gillenkirch, Robert (o.J.)

System, Online im Internet unter: http://wirtschaftslexikon.gabler.de/Definition/system.html, Stand: 22.12.2016.

Gladen, Werner (2003)

Kennzahlen- und Berichtssysteme, 2. Auflage, Wiesbaden, 2003.

Gleich, Ronald / Temmel, Philipp (2008)

Die Rolle und Organisation des Controllings im Management Reporting, in: Gleich, Ronald / Horváth, Peter / Michel, Uwe [Hrsg.], Management Reporting: Grundlagen, Praxis und Perspektiven, 1. Auflage, Freiburg, 2008, S. 63-91.

Gluchowski, Peter (2001)

Business Intelligence, in: HMD – Praxis der Wirtschaftsinformatik, 38. Jg., Heft 222, 2001, S. 5-15.

Gluchowski, Peter / Gabriel, Roland / Dittmar, Carsten (2008)

Management Support Systeme und Business Intelligence, Computergestützte Informationssysteme für Fach- und Führungskräfte, 2. Auflage, Berlin Heidelberg, 2008.

Göpfert, Ingrid (2002)

Berichtswesen, in: Küpper, Hans-Ulrich [Hrsg.], Handwörterbuch Unternehmensrechnung und Controlling, 4. Auflage, Stuttgart, 2002, S. 143-156.

Heindl, Stefan (o.J.)

Data Mining, Online im Internet unter: https://www.controlling-wiki.com/de/index.php/Data_Mining, Stand: 27.12.2016.

Heinrich, Bernd / Klier, Mathias (2009)

Die Messung der Datenqualität im Controlling, Zeitschrift für Controlling und Management, Nr. 53, 2009, S. 34-42.

Hery-Mossmann, Nicole (2016)

Backend und Frontend – was ist das?, Online im Internet unter: http://praxistipps.chip.de/backend-und-frontend-was-ist-das-einfach-erklaert_41384, Stand: 11.02.2017.

Hollenberg, Stefan (2016)

Fragebögen, Fundierte Konstruktion, sachgerechte Anwendung und aussagekräftige Auswertung, Wiesbaden, 2016.

Horváth, Péter (2008)

Grundlagen des Management Reportings, in: Gleich, Ronald / Horváth, Peter / Michel, Uwe [Hrsg.], Management Reporting: Grundlagen, Praxis und Perspektiven, 1. Auflage, Freiburg, 2008, S. 15-42.

Horváth, Péter (2011)

Controlling, 12. Auflage, München, 2011.

isReport Online (o.J.)

The BI Survey 2016: Operationale BI legt zu, Online im Internet unter: http://www.isreport.de/news/the-bi-survey-2016-operationale-bi-legt-zu/, Stand: 11.02.2017.

IBM (2012)

Analytics: Big Data in der Praxis, Wie innovative Unternehmen ihre Datenbestände effektiv nutzen, IBM Institute for Business Value und Saïd Business School an der Universität Oxford [Hrsg.], Ehningen, 2012, S. 1-24.

Jagoda, Nathan (2014)

Mit Self-Service-BI ungenutzte Potenziale erschließen, Online im Internet unter: http://www.bigdata-insider.de/mit-self-service-bi-ungenutzte-potenziale-erschliessen-a-464306/, Stand: 01.02.2017.

Kemper, Hans-Georg / Baars, Henning / Mehanna, Walid (2010)

Business Intelligence – Grundlagen und praktische Anwendungen, 3. Auflage, Wiesbaden, 2010.

Koch, Rembert (1994)

Betriebliches Berichtswesen als Informations- und Steuerungsinstrument, Bd./Vol. 1483, Frankfurt am Main, 1994.

Kornmeier, Martin (2007)

Wissenschaftstheorie und wissenschaftliches Arbeiten, Heidelberg, 2007.

Lachev, Teo (2012)

Applied Microsoft SQL Server 2012 Analysis Services – Tabular Modeling, 1. Auflage, USA, 2012.

Lamprecht, Andreas / Seifert, Andreas (2015)

Self-Service Reporting, in: Controller Magazin, Heft 6, 2015, S. 48-52.

Lörcher, Wiebke (2013)

Software für Self Service BI – Marktsegmentierung, Online im Internet unter: http://barc.de/blog/software-fur-self-service-bi-marktsegmentierung, Stand: 29.01.2017.

Logi Analytics (2015)

State of Self-Service BI Report, Logi Analytics Inc. [Hrsg.], Virginia, 2015.

Manhart, Klaus (2015)

Analyse- und Reporting-Tools für Geschäftsführer, Online im Internet unter: http://www.computerwoche.de/a/analyse-und-reporting-tools-fuer-geschaeftsfuehrer,2554667, Stand: 29.01.2017.

Matzke, Harald (2013)

Effizienzsteigerung im Controlling durch den richtigen Einsatz von IT, in: Gleich, Ronald [Hrsg.], Controllingprozesse optimieren, 1. Auflage, München, 2013, S. 189-208.

Mehrmann, Elisabeth (2004)

Controlling in der Praxis: wie kleine und mittlere Unternehmen ein effektives Berichtswesen aufbauen, 1. Auflage, Wiesbaden, 2004.

Mertens, Peter (2002)

Business Intelligence – ein Überblick, Arbeitspapier Nr. 2/2002, Online im Internet unter: http://www.wi1-mertens.wiso.uni-erlangen.de/veroeffentlichungen/download/Business_Intelligence-ein_Ueberblick_Arbeitspapier_der_Universitaet_Erlangen-Nuernberg.zip, Stand 22.12.2016.

Oracle (o.J. A)

Data Visualization, Online im Internet unter: https://cloud.oracle.com/de_DE/data-visualization/features, Stand: 29.01.2017.

Oracle (o.J. B)

Oracle Data Visualization, Visualize Business Insights, Online im Internet unter: https://www.oracle.com/solutions/business-analytics/data-visualization/capabilities.html, Stand: 29.01.2017.

Qlik (o.J.)

Was ist anders an Qlik?, Online im Internet unter: http://www.qlik.com/de-de/products/why-qlik-is-different, Stand: 29.01.2017.

Porst, Rolf (2013)

Fragebogen, Ein Arbeitsbuch, 4. Auflage, Wiesbaden, 2013.

Reichmann, Thomas (2006)

Controlling mit Kennzahlen und Management-Tools, 7. Auflage, München, 2006.

Reimus, Enrico / von Rechenberg, Wolff / Wildt, Alexander (2016)

Berichtswesen (Reporting), Online im Internet unter: http://www.controlling portal.de/Fachinfo/Grundlagen/Berichtswesen-Reporting.html, Stand: 30.12.2016.

Schön, Dietmar (2012)

Planung und Reporting im Mittelstand, Wiesbaden, 2012.

Schultz, Volker (2015)

Controlling, Das Basiswissen für die Praxis, 2. Auflage, München, 2015.

Schulze-Wischeler, Britta (1995)

Lean Information, Computergestützte Systeme in der mittelständischen Industrie, Wiesbaden, 1995.

Seidler, Larissa (2015)

Oracle veröffentlicht Major-Release 12c seiner Business Intelligence Plattform, Online im Internet unter: http://barc.de/Artikel/oracle-veroffentlicht-major-release -12c-seiner-business-intelligence-plattform, Stand: 29.01.2017.

Szyperski, Norbert (1981)

Rechnungswesen als Informationssystem, in: Chmielewicz, Klaus [Hrsg.], Handwörterbuch des Rechnungswesens, 2. Auflage, Stuttgart, 1981, S. 1425-1439.

Taschner, Andreas (2013)

Management Reporting, Erfolgsfaktoren internes Berichtswesen, Wiesbaden, 2013.

Thielsch, Meinald T. / Weltzin, Simone (2012)

Online-Umfragen und Online-Mitarbeiterbefragungen, in: Brandenburg, Torsten / Thielsch Meinald T. [Hrsg.], Praxis der Wirtschaftspsychologie II, Münster, 2012, S. 109-128.

Tretbar, Torben / Wiegmann, Leona (2013)

Reporting 2.0 – Wie Self-Service-Auswertungen das Controlling verändern, in: Controlling & Management Review, Sonderheft 2, 2013, S. 6-10.

Waniczek, Mirko (2013)

Berichtswesen optimieren, So steigern Sie die Effizienz im Reporting und Controlling, München, 2013.

XING (2017)

Self-Service-BI im Controlling - Fiktion oder Realität?, Online im Internet unter: https://www.xing.com/feedy/stories/1814414377?sc_o=myonlb-read,
Stand: 30.03.2017.